EL
JARDÍN DEL
BOTICARIO

AVISO LEGAL

Este libro es una obra de referencia sobre la historia de las plantas y sus usos. La información que contiene tiene carácter meramente informativo y las recetas que incluye son solo a título ilustrativo. No debe utilizar, seguir ni preparar ninguna de las recetas de este libro, ni animar a otras personas a hacerlo. Este libro no pretende sustituir el tratamiento médico profesional. Menos aún debe considerarse una recomendación, fomento o promoción de ninguna dieta o práctica específica. Tampoco pretende ser una guía sobre qué plantas son comestibles o tienen beneficios nutricionales o medicinales, ni sustituir el consejo de un nutricionista, médico o profesional de la salud.

Le recomendamos encarecidamente que consulte a un médico antes de utilizar remedios a base de hierbas, especialmente si padece alguna enfermedad, está tomando medicamentos, está embarazada o en periodo de lactancia. No debe utilizar la información contenida en este libro como sustituto del diagnóstico, la medicación u otros tratamientos prescritos por su médico.

Existe la posibilidad de sufrir reacciones alérgicas u otras reacciones adversas por el uso de cualquiera de las plantas mencionadas (y otras no mencionadas) en este libro. Debe consultar a su médico u otro profesional sanitario cualificado si tiene alguna pregunta, especialmente en relación con afecciones médicas o alergias. Algunas plantas pueden interactuar con medicamentos recetados, incluyendo, entre otros, la píldora anticonceptiva y los antidepresivos. Si está tomando algún medicamento, consulte siempre a un profesional de la salud cualificado antes de tomar cualquier remedio a base de hierbas. Los editores y el autor no aceptan ninguna responsabilidad por cualquier daño que resulte del uso o mal uso de este libro, o de no haber solicitado el consejo médico adecuado.

Royal
Botanic Kew
Gardens

EL
JARDÍN DEL
BOTICARIO

La ciencia y la magia del poder
medicinal de las plantas

EMMA
WAYLAND

Librero

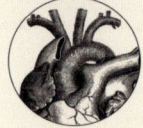
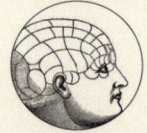
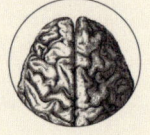

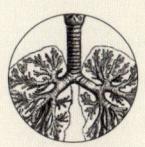
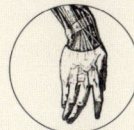

INTRODUCCIÓN

Boticarios, herboristas, chamanes, curanderas y curanderos... Desde siempre, el ser humano ha observado las plantas que crecían a su alrededor y se ha preguntado qué usos podían tener para calmar y alterar su cuerpo y mente.

Desde mucho antes de la existencia de fuentes escritas, incluso las sociedades más pequeñas contaban con curanderos. Los cazadores-recolectores salían a la búsqueda de medicinas eficaces en la naturaleza; en grupos más sedentarios, los horticultores con conocimientos médicos cultivaban plantas que sabían utilizar para tratar y fortalecer a los enfermos. La pericia en el uso de las plantas medicinales era una habilidad muy valorada. La capacidad de estos curanderos para ayudar a sus pacientes les confería un aire de seres con poder sobrenatural; y de hecho, a veces se consideraba que tenían contacto con otros mundos, más allá del de los vivos, especialmente cuando utilizaban plantas alucinógenas y psicotrópicas para inducir estados mentales modificados.

———

Derecha: grabado de la *Boutique Pharmaceutique ou Antidotaire* (1626), que muestra el interior de una botica francesa.

Abajo: Ilustración del siglo XIV de una botica, del *Tacuinum sanitatis.*

BOVTIQVE PHARMACEVTIQVE

DROPSY COURTING CONSUMPTION.

Las listas más antiguas de plantas medicinales no se conservan en libros, sino que están anotadas en papiros, inscritas en hojas de palma o, como en la antigua Babilonia, estampadas en tablillas de arcilla. El enorme archivo médico del rey Asurbanipal (668-627 a.C.) se conserva de manera fragmentada. Y luego está la biblioteca de un médico babilonio, o *asipu*, que data de alrededor del 250 a.C. Algunos de los trastornos y tratamientos que trataban los primeros herboristas o herbolarios los reconocemos aún hoy. Ciertas plantas medicinales, como la cúrcuma, el higo y la amapola, se han utilizado a lo largo de milenios, manifestando una tradición ininterrumpida.

Mil años antes de nuestra era, los herboristas chinos comenzaron a recopilar listas de útiles remedios a base de plantas, mientras que la medicina ayurvédica hacía lo mismo en la India, Bangladés y Pakistán. El *Sushruta Samhita*, uno de los primeros textos sobre ayurveda, es anterior a la imprenta. Para preservar su sabiduría, esta farmacopea fue escrita originalmente en largas hojas de palma. Una de estas hojas manuscritas fue fechada por el escriba el día en que terminó la obra, el domingo 13 de abril de 878.

Estos medicamentos eran muy apreciados y, a menudo, costosos. En la Biblia, el libro del Éxodo nos dice: «Y harás de ello el aceite de la santa unción superior, un ungüento hecho según el arte del boticario». Así, la función del boticario se convirtió en una profesión por derecho propio. Los curanderos cultivaban, preparaban y vendían drogas y medicinas, y estudiaban e investigaban las propiedades de los ingredientes que vendían. (La palabra boticario proviene de la raíz griega, *apoteka*, de la cual derivan también palabras como *boutique* o *bodega*).

Algunas de las cosas escritas en los antiguos herbarios siguen siendo válidas, como el consejo de Parkinson en 1640: «El zumo de limón es especialmente aconsejable en alta mar durante viajes prolongados si se añade a las bebidas para prevenir el escorbuto». Sin embargo, otras, como lo de la «flor de la que nacen gansos» (*Lysimachia clethroides*, cuyas flores se asemejan a una minúscula bandada de gansos), es posible que ya entonces se consideraran falsas. En el pasado, las ideas en torno a las enfermedades eran muy diferentes a las nuestras. Muchas muertes antes de la era moderna se atribuían a la hidropesía, una acumulación de agua bajo la piel que ahora denominamos edema, y que es un síntoma de insuficiencia cardíaca u otras afecciones graves, pero que no es mortal.

¿Qué tipo de tratamientos pedía la gente? Todo aquel que haya tenido dolor de muelas sabe que aliviar el dolor forma parte fundamental de lo que esperamos de los médicos; pero, una vez que el dolor remite, hemos de prestar atención a objetivos a más largo plazo, como recuperar las fuerzas tras una enfermedad o mitigar la ansiedad o la depresión. Para muchos es importante cambiar

Izquierda: *La hidropesía corteja la tuberculosis*, de Thomas Rowlandson (1810). Hoy sabemos que la hidropesía es un síntoma de otras enfermedades graves.

圖穴戶子鍼

鍼子戶穴歌
子戶能刺衣不穿　更治子死在腹中　穴在關元右二寸　下鍼一寸立時生

腹中宜刺子戶穴針入一寸其穴在任脈經之關元穴傍右二寸

註肥辰出子

子戶　　　　關元

aspectos relacionados con la reproducción y el sexo. Las plantas parecían ofrecer una solución tanto para el deseo de tener un hijo como para la esperanza de disfrutar del sexo sin miedo a un embarazo.

A partir del siglo XVII, los boticarios pasaron a ser miembros de una profesión regulada y reconocida. En Londres, estos se ganaron una buena reputación al cuidar de los afectados por el Gran Incendio de 1666, al contrario que muchos médicos (casi todos de clase acomodada) que huyeron. Los boticarios se preocuparon cada vez más por la integridad y los estándares de los medicamentos recetados. La palabra *droga* proviene del holandés *droog*, que significa «secar», es decir, secar las plantas para su uso posterior, tal como hacen los herboristas. Con el tiempo, la industria farmacéutica se hizo cargo de la mayor parte de la fabricación de medicamentos en polvo; sin embargo, actualmente, los herboristas siguen siendo responsables de la elaboración de muchos tratamientos a base de plantas frescas de diversa naturaleza.

Incluso hoy en día, en la mayor parte del mundo, muchas personas confían aún en la medicina tradicional a base de plantas como principal tratamiento médico. La razón es que las plantas contienen muchos compuestos llamados *bioactivos*, lo que significa que afectan y modifican las células de otros seres vivos. A menudo hay una razón evolutiva, obvia e interesante para ello: las plantas no pueden moverse ni defenderse por medios físicos. Cuando los depredadores se sirven de las plantas, ya sea comiéndolas o recolectándolas para otros usos, estas deben defenderse de formas ingeniosas. Muchos de los compuestos bioactivos que utilizamos hoy en día existían originalmente en las plantas como defensa química. Algunos de ellos son incluso venenos muy potentes.

Por lo tanto, los medicamentos a base de plantas pueden ser sorprendentemente potentes. Su efecto en el cuerpo humano es formidable, por lo que no deben tomarse a la ligera. Las plantas proporcionan cerca de la mitad de los medicamentos de uso común que se pueden encontrar en una farmacia, desde la aspirina hasta el aloe vera y la morfina, y en el siglo XXI, alrededor del 10 % de la lista elaborada por la Organización Mundial de la Salud de los 250 medicamentos más básicos y esenciales se obtiene exclusivamente de plantas.

Las plantas también son una poderosa fuente de medicamentos especializados, como, por ejemplo, en el campo de la quimioterapia, en el que es vital dañar las células cancerosas que se dividen rápidamente, pero sin afectar al funcionamiento normal del organismo. La vinca se ha utilizado en todo el Pacífico durante cientos de años como medicina, pero ahora se usa para elaborar vincristina, que ha cambiado por completo la prognosis de la leucemia infantil. Para procesar una pequeña cantidad de la sustancia utilizada en quimioterapia, antes

Izquierda: gráfico de acupuntura y moxibustión que muestra el cuello uterino, de *Chuanwu lingji lu (Registro de enseñanzas soberanas)*, de Zhang Youheng (1869). Históricamente, las personas han buscado tratamientos tradicionales para problemas de salud sexual y reproductiva.

era necesario recolectar muchas toneladas de plantas, pero, gracias a innovaciones recientes, ahora se puede sintetizar. Estos compuestos orgánicos beneficiosos no solo se obtienen de las plantas: los hongos, que hoy en día se consideran un reino completamente distinto, también son importantes. La epirubicina, refinada a partir del *Streptomyces*, una bacteria del suelo, es un componente fundamental de los tratamientos modernos contra el cáncer de mama.

En todo el mundo se han utilizado con entusiasmo las plantas medicinales, y, actualmente, los científicos de vanguardia saben que una forma de descubrir nuevos tratamientos farmacológicos es acudir a los ancianos de las comunidades indígenas y otros poseedores de conocimientos tradicionales y artesanales sobre las plantas. Hoy en día, este proceso está regulado por acuerdos legales que garantizan que cualquier beneficio derivado del intercambio de conocimientos redunde equitativamente en todas las partes interesadas. Los jardines botánicos como el de Kew esperan que esto incentive a todos a ser cuidadosos guardianes de los fértiles entornos botánicos, de modo que sobrevivan para las generaciones futuras.

Sin embargo, incluso en nuestros propios jardines, huertos, balcones o jardineras, se pueden encontrar plantas con poderes curativos. Una dieta basada en plantas tiene muchas ventajas, además del evidente beneficio de su frescura y su contenido saludable en fibra. Médicos como Tim Spector abogan por las dietas basadas en plantas y establecen el objetivo de comer treinta plantas a la semana. Argumentan que los potentes fitoquímicos que estas plantas contienen nos ofrecen una amplia gama de nutrientes para mantener una buena salud.

En este libro exploraremos 60 de las medicinas más interesantes del mundo, elaboradas a partir de plantas y hongos que se encuentran en todos los continentes habitados, desde la albahaca morada hasta el árnica, y que fueron utilizadas por primera vez por los nativos americanos y los pueblos originarios australianos, así como en sistemas médicos que van desde el ayurveda indio hasta la medicina tradicional china (MTC). La búsqueda de remedios y tratamientos en el mundo vegetal une a los seres humanos de todo el mundo. Una de las cosas más apasionantes de la medicina basada en plantas es lo mucho que siempre queda por aprender.

Derecha: xilografía que representa la MTC como «el espejo de la alimentación y la bebida», de Utagawa Kunisada, *c.* 1850.

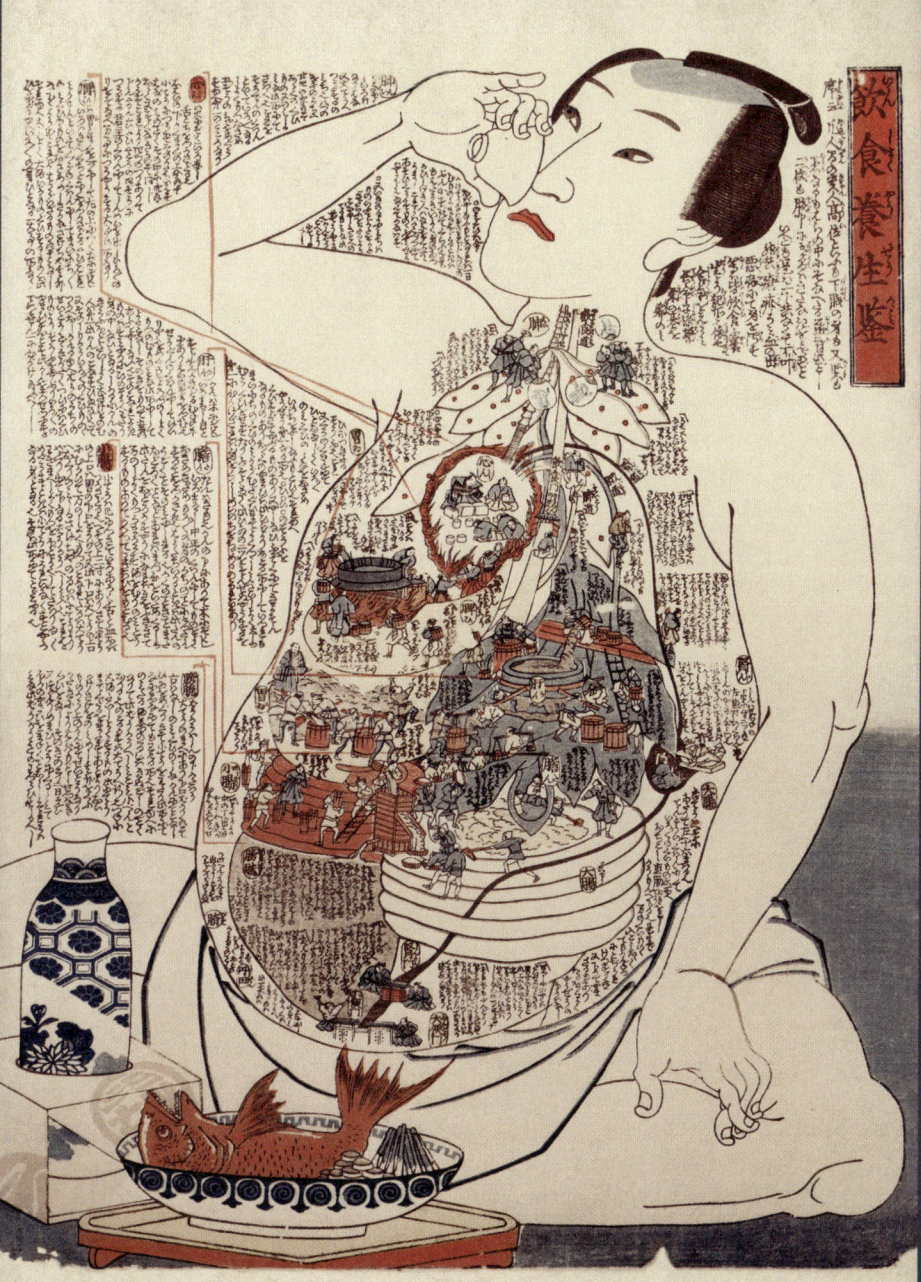

CAPÍTULO 1

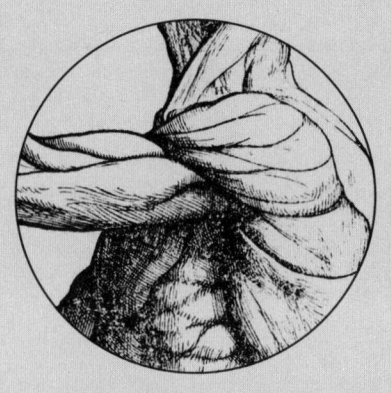

FORTALECER
EL CUERPO

Popeye devora espinacas en grandes cantidades para hacerse fuerte y la Pequeña Oruga Glotona se siente mejor después de comerse una buena hoja verde: parece que sabemos por instinto que los alimentos vegetales frescos nos hacen sentirnos sanos.

Desde una ensalada verde en un café parisino hasta las hierbas de un plato humeante de *pho* vietnamita, las plantas que comemos suelen contener compuestos que fortalecen nuestro sistema inmunitario y ayudan a combatir las enfermedades. Ya desde la prehistoria, el ser humano parece haber comprendido que las plantas ofrecen beneficios medicinales. Nunca sabremos el proceso de ensayo y error que reveló los secretos de cada planta utilizada por los boticarios, que solían preparar decocciones combinando múltiples ingredientes, tal vez apostando por varias opciones con la esperanza de que alguno de ellos fuera eficaz. Incluso si ninguno de ellos funcionaba para la dolencia del paciente, aquellos jarabes y tónicos le daban la sensación de ser cuidado y de tener un poco de consciencia en un mundo incierto.

Sin embargo, ya desde mucho tiempo atrás, la gente empezó a comprender los beneficios medicinales de las plantas. Sabían que con escaramujo se preparaba un delicioso jarabe que parecía ayudar a curar los resfriados. Ahora sabemos que esto se debe en gran parte a su contenido en ácido ascórbico, más conocido como vitamina C. Los archivos del Real Jardín Botánico de Kew conservan una receta de un licor reconstituyente elaborado para el rey Jorge III que contenía canela, malva, ámbar gris, azúcar y rosa de Damasco. Asimismo se observaron los beneficios de los cítricos: en el siglo XVII, los marineros de larga distancia comprendieron que eran esenciales para combatir el escorbuto, causado por una deficiencia de vitamina C y que se desarrollaba tras pasar mucho tiempo en alta mar sin acceso a fruta y verdura fresca. La Armada británica solía administrar una dosis de cítricos, a menudo mezclados con la ración diaria de ron, lo que llevó a los estadounidenses a apodar a los británicos *limeys*.

Las plantas no solo contienen vitamina C; hoy en día sabemos que muchos pigmentos de las plantas son antioxidantes, compuestos saludables que pueden ayudar a combatir enfermedades. La jacarandá, por ejemplo, no es solo un árbol hermoso, sino que es rico en sustancias medicinales con propiedades anticancerígenas y sedantes. Otras plantas cuidan el organismo aportando diferentes vitaminas, bajando la presión arterial o expulsando parásitos internos. Las plantas no solo contienen compuestos bioactivos en sus hojas, un hecho que los curanderos y médicos ya conocían desde la antigüedad. El jengibre, más conocido por su uso culinario, contiene potentes compuestos en su rizoma nudoso que pueden ayudar a regular los lípidos en sangre, como el colesterol, y reducir el riesgo de coagulación. En China también se utiliza para calmar el dolor artrítico y aliviar el malestar estomacal. Otras raíces medicinales son la maca (véase la p. 182), la *kawa-kawa* (véanse las pp. 82-83) y la cúrcuma (véanse las pp. 34-35).

Las plantas pueden ayudarnos a combatir muchos tipos de enfermedades, desde el deterioro cardiovascular por trastornos inflamatorios hasta problemas metabólicos. Las

Derecha: diagrama anatómico de los órganos internos de *De arte phisicali et de cirurgia*, del cirujano inglés John Arderne (1412).

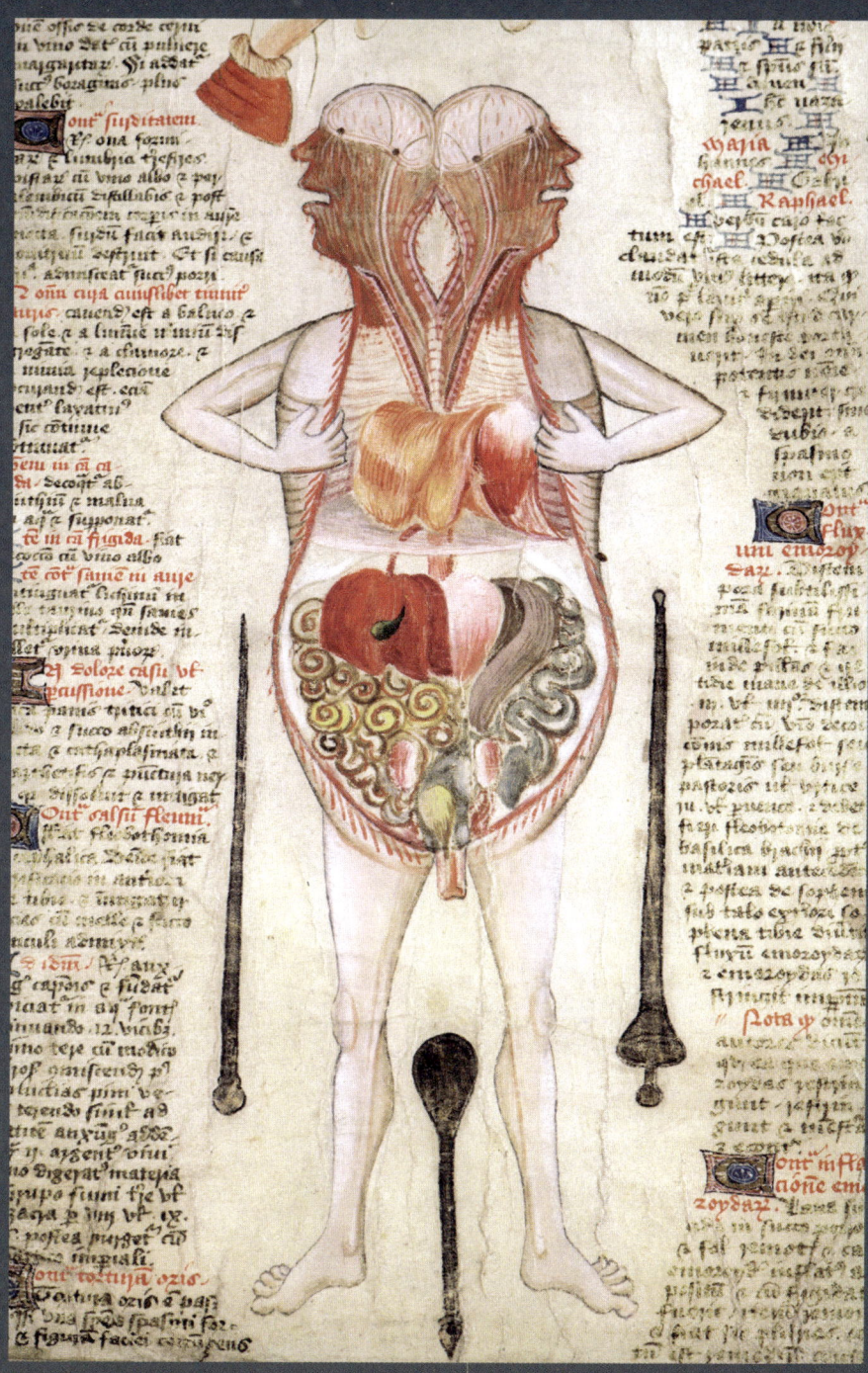

plantas de la familia *Allium* son excelentes fuentes de propiedades saludables, como la cebolla *(A. cepa)*, el ajo *(A. sativum)*, el puerro, el ajo porro, la cebolleta, la chalota y el cebollino. Esta familia de plantas incluye múltiples especies que se consideran protectoras del corazón, el cerebro y el sistema inmunitario, y han sido objeto de interés para el tratamiento de enfermedades crónicas como el síndrome de fatiga crónica.

Las plantas medicinales también se han usado para la purificación. Se empleaban a menudo en rituales para asegurar una buena higiene, algo que ahora sabemos que es esencial para una práctica médica segura. Los indicios arqueológicos sugieren que el ser humano desarrolló desde muy temprano ceremonias para separar el mundo cotidiano de un ámbito más sagrado. Esta división estaba marcada por una frontera, cuyo cruce podía manifestarse a través del lavado, la quema de hierbas para purificar el aire y la unción del cuerpo con aceites de plantas aromáticas. Muchas culturas muestran estos patrones de comportamiento, compartidos universalmente. En las tribus nativas americanas, las hierbas podían «fumarse» para que los vapores se extendieran por todo el espacio a purificar; tanto en el cristianismo como en el budismo, el potente aroma del incienso señala el inicio de un ritual religioso.

Incluso las plantas comestibles más simples pueden tener potentes propiedades medicinales. El tamarindo, por ejemplo, contiene fuertes antioxidantes, y los médicos tradicionales han recetado la decocción de la corteza de mango para tratar la sarna, la sífilis, la diabetes y la anemia. Hoy en día, la corteza de mango se vende en Cuba bajo la marca comercial Vimang. No solo las plantas son ricas en estos compuestos: los hongos son también una fuente cada vez mejor comprendida. Los hongos cola de pavo y *reishi* tienen muchas propiedades saludables, las cuales no se liberan mejor al comerlos, sino al remojarlos en agua caliente y beber el líquido. La tradición de preparar una bebida similar al café a partir de hongos ya se conocía en Finlandia durante la Segunda Guerra Mundial, cuando no se disponía de café. Sin embargo, es muy probable que esta bebida se remonte a la historia antigua de China. Hoy en día, el café enriquecido con hongos es la forma de beberlos.

Por último, no son solo las plantas conocidas con hojas y tallos las que ofrecen propiedades beneficiosas para la salud. La espirulina, un alga verdeazulada, se cultiva tradicionalmente en agua, pero ya era conocida por los aztecas como alimento saludable; la recolectaban en el lago Texcoco, ahora drenado y ocupado en su mayor parte por la ciudad de México, y la llamaban *tecuitlatl*. En Chad, el pueblo kanembu recolecta esta alga, que suele secar para luego rehidratarla y preparar un caldo parecido al miso japonés.

La espirulina es tan nutritiva y requiere tan poco espacio y nutrientes para crecer que ahora se utiliza como suplemento alimenticio en piscifactorías y ha sido investigada por la NASA como posible alimento para las misiones a Marte. Sin embargo, precisamente por cultivarse en lagos, puede contaminarse con otras bacterias tóxicas, como las que envenenan las floraciones de algas. Esto subraya el importante papel que han desempeñado a lo largo de la historia los boticarios y herboristas a la hora de garantizar un suministro seguro de remedios a base de plantas.

Izquierda: xilografía alemana del siglo xv de un boticario, procedente de un libro del cirujano y alquimista Hieronymus Brunschwig.

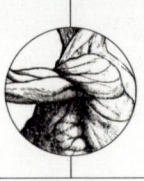

RUDA
Ruta graveolens

Un nombre por el cual se solía conocer la ruda común era «hierba de gracia». Es una hierba de un suave color verdeazulado, con una fragancia y un sabor muy amargo característicos. En *Hamlet*, de Shakespeare, Ofelia, sumida en la locura, llora a su padre y reparte flores a los demás personajes, diciendo: «Aquí, ruda para vos, y también algo de ella para mí; podemos llamarla también hierba de la gracia los domingos».

La ruda era muy popular en la antigua Roma, y ello a pesar de tener un sabor que, según un comentarista moderno en internet, es «parecido a la laca de uñas». Esto puede explicar por qué hoy en día la ruda ha caído en desuso en Europa, aunque sigue siendo un elemento importante en la elaboración del café etíope.

El poeta Marcial (*c.* 40-100) satirizó la vida en la capital imperial, dando muchos detalles de la vida contemporánea, entre los que se incluye la adición de ruda a los platos elaborados con atún. La ruda también era un ingrediente del *moretum*, el queso untable a las hierbas mencionado por el poeta Virgilio y que era popular a pesar de su sabor picante. La receta de Virgilio incluía cuatro cabezas enteras de ajo. El fuerte sabor de la ruda se debe a los compuestos aromáticos que contienen sus hojas, que evolucionaron para protegerse de los depredadores. En el hábitat mediterráneo natural de la ruda, las plantas no solo representaban alimento, sino también una preciada reserva de agua, lo que significaba que tenían que encontrar formas de disuadir a los animales de que se las comieran. Esta función la desempeñan los alcaloides, sustancias químicas muy potentes presentes en las células de la planta.

Debido a estos compuestos fuertemente bioactivos, la ruda puede ser tanto una toxina como un medicamento. Mitrídates (135-63 a.C.), quien desarrolló sustancias que inmunizaban ante los venenos ingiriendo regularmente dosis subletales, la menciona como antídoto contra el veneno. Un antiguo herborista señala que rociar agua de ruda por la casa «mata todas las pulgas». Plinio el Viejo, naturalista romano (23-79 d.C.), hizo muchas recomendaciones sobre los usos de la ruda en su *Naturalis historia*, especialmente porque contribuía a agudizar la vista. También circulan viejas historias según las cuales tanto Leonardo da Vinci como Miguel Ángel la consumían con la esperanza de que mejoraran su vista y su creatividad.

El sabor amargo de la ruda puede explicar por qué con el tiempo se ha convertido en una planta asociada a la melancolía y el arrepentimiento. También sugiere cómo se convirtió en una planta considerada protectora contra el mal, desde contra las brujas hasta contra la peste. En la Iglesia católica de la Edad Moderna, se mojaban ramitas de ruda en agua bendita para hacer talismanes protectores. Y en los jardines modernos se utiliza habitualmente para ahuyentar a visitantes indeseados, como perros y gatos.

REMEDIO TRADICIONAL

Cómo preparaban los romanos el *moretum*

Si bien hoy en día no se recomienda preparar ni consumir *moretum* debido a la toxicidad de la ruda y el poleo, este remediotradicional revela la popularidad histórica de la ruda en la cocina. En un mortero, se ponen ajedrea, menta, ruda, cilantro, perejil, cebollino o cebolla verde, hojas de lechuga y de rúcula, tomillo fresco o hierba gatera y poleo fresco, junto con queso fresco y sal. Se machaca todo y se agrega vinagre y un poco de pimienta. Poner en un plato pequeño y cubrir con aceite.

CANELA
Cinnamomum verum

La canela es un pequeño grupo de especies de árbol nativas del sureste asiático, siendo la más fragante la canela de Ceilán (actual Sri Lanka). El principal uso medicinal y culinario, conocido desde hace miles de años, proviene de la corteza molida. Los curanderos la recomendaban por su capacidad para calentar el cuerpo, ayudar a la digestión y ser reconfortante en general, especialmente durante convalecencias.

La canela ya se menciona en la historia antigua, concretamente en una inscripción del templo de Apolo en Mileto, antigua Anatolia, y que documenta una ofrenda de esta especie. Se utilizaba para embalsamar momias en el antiguo Egipto y era uno de los ingredientes del *kyphi*, una mezcla de incienso aromático.

El *Cinnamomum burmanni*, o casia, es otra especie muy utilizada, mencionada en un poema de la griega Safo en el siglo VII a. C. La especia es extremadamente aromática, y los comerciantes afirmaban poder oler las plantaciones a millas de distancia mar adentro. En el Cinnamon Dock (muelle de la canela), en el este de Londres, el olor de la especia persistió muchos años después de que todos los muelles cerraran al tráfico.

La canela es también una de las plantas que se mencionan en la Biblia repetidamente: Dios le dice a Moisés que la utilice como ingrediente del aceite de unción en el tabernáculo; también es un regalo de la reina de Saba; y, en general, es un símbolo de la tentación, mencionada como especia de olor dulce en el Cantar de los Cantares. En Proverbios (7,17-18) se lee: «He perfumado mi cámara con mirra, aloe y canela. Ven, embriaguémonos de amores hasta la mañana. ¡Disfrutemos del amor!».

En la medicina ayurvédica, la canela está indicada para ayudar en la digestión y favorecer la reproducción, así como reconstituyente general; y en la medicina tradicional china se le atribuye un poder llamado *huo xue*, que vigoriza la sangre y calienta el interior del cuerpo. La especia molida es rica en antioxidantes y hay quien sugiere que puede ayudar a controlar los niveles de azúcar en sangre. Más recientemente, los practicantes espirituales han aconsejado dispersar canela por la puerta principal de la casa al comienzo de una nueva etapa de la vida y así atraer abundancia.

Plinio el Viejo, escritor, militar y naturalista romano, fue el primero en sugerir un uso que ha llegado hasta nuestros días y que se halla muy extendido: aromatizar el vino. El nombre de la planta viene del griego *kinnámōmon*, que a su vez fue tomado prestado del fenicio. Y en Grecia, un brandy aromatizado con canela y miel llamado *rakomelo* sigue considerándose una buena bebida medicinal para la tos.

REMEDIO TRADICIONAL

Infusión de canela

La infusión de canela, que se prepara vertiendo agua caliente sobre canela molida y dejándola reposar durante unos minutos, tiene un sabor intenso y cálido, y se puede combinar con un poco de raíz de jengibre cuando uno nota que se está resfriando. La canela es una especia que pierde rápidamente su frescura, por lo que es mejor adquirirla en lugares de confianza y consumirla rápidamente. Se puede moler en un mortero para asegurarse de que se liberan todas las importantes esencias que contiene.

HIERBALUISA

Aloysia citrodora

La *Aloysia citrodora*, o hierbaluisa, es una planta de aroma intenso y una combinación de sabores a limón y jengibre. La fitoterapia europea se ha servido de ella durante muchos siglos. Originaria de América del Sur, era utilizada por los médicos indígenas para tratar problemas gástricos como la diarrea o la flatulencia, pero también para el insomnio y el reumatismo. En Brasil se conoce como *salva-limão*, o salvia-limón.

El primer naturalista europeo que tomó nota de la hierbaluisa fue el botánico Philibert Commerson, quien la vio en Buenos Aires en 1766 cuando circunnavegaba el globo junto al capitán francés Bougainville. Commerson destaca por haber subido a bordo de forma clandestina a un «ayuda de cámara» que resultó ser su asistente y compañera sentimental, Jeanne Baret. Baret se encargó de gran parte de las tareas botánicas del viaje en lugar del incapacitado Commerson, y es posible que fuera ella la primera europea en recolectar esta planta aromática.

Casi al mismo tiempo, unos coleccionistas de plantas de la península ibérica que se encontraban en América del Sur hallaron la hierbaluisa y la bautizaron *Aloysia* en honor a la esposa del rey español, María Luisa de Parma. El Jardín Botánico de Madrid envió especímenes a París, donde John Sibthorp, entonces catedrático de botánica en Oxford, consiguió una planta para el Jardín Botánico de Oxford. En menos de una década se convirtió en un novedoso y útil remedio en Inglaterra.

La industria del perfume se puso manos a la obra para refinar el aceite esencial de las hojas, de fragancia intensa y ácida. Hoy en día se sabe que estos aceites esenciales contienen geraniol, que tiene un aroma dulce similar al de la rosa (y está presente sobre todo en el aceite de rosa). Las abejas lo utilizan como señal química para marcar sus rutas alrededor de la colmena hacia las flores productivas. Por ello, la planta también se conoce en inglés como *beebrush*, o arbusto de las abejas. Los herboristas recomiendan rellenar la almohada con sus hojas para lograr un sueño reparador.

La planta también contiene compuestos conocidos por sus propiedades antiinflamatorias y antioxidantes, y que evidencian efectos cuantificables contra bacterias como la *E. coli*, así como contra ciertos ácaros. Las cualidades relajantes de la hierba, tomada en infusión, hacen que sea muy apreciada como remedio tanto para los dolores de estómago como los menstruales. Una tisana o infusión floral elaborada con hojas de hierbaluisa puede complementarse con menta, que también ayuda a calmar el organismo y favorece el funcionamiento óptimo del sistema digestivo.

ASTRÁGALO

Astragalus mongholicus

El astrágalo es un miembro de la familia de las leguminosas que destacan por sus flores rosa malva y las delicadas curvas de sus hojas verde grisáceo. En países anglófonos se conoce como *milk vetch*, porque en la Edad Media se creía que aumentaba la producción de leche de las cabras. La raíz se emplea como suplemento tomado en infusión o en polvo para regular el funcionamiento del sistema inmunitario, ayudando así a combatir virus como los del resfriado, así como también infecciones más graves.

Las plantas de la familia *Astragalus* particularmente la *Astragalus mongholicus*, constituyen un componente muy importante en la medicina tradicional china (MTC) y se utiliza para renovar la energía (el *qi*, o *chi*). La primera vez que se menciona el astrágalo en un contexto médico es en el herbario chino *Shennong Ben Cao Jing*, escrito entre 200 a. C. y 200 d. C. A menudo se traduce como el *Clásico de las raíces y hierbas del divino granjero*. Este compendio es el documento fundacional de la MTC, y según la tradición popular fue escrito por el propio emperador Shennong, quien probó personalmente todas las hierbas recomendadas en él. No contento con dormirse en los laureles, Shennong también inventó la azada, el hacha y el arado, así como el calendario chino..., al menos según la mitología china.

El término mandarín para referirse al astrágalo *(A. mongholicus)*, de floración amarilla, es *Huang Qi*, que significa «energía vital amarilla». Esta variedad se suele combinar con acónito, una toxina utilizada en pequeñas cantidades. Juntas se recetan para reactivar el yang, especialmente en la decocción *Qifu*, un medicamento utilizado en todo el mundo de habla china. Esta planta se toma para ayudar al organismo a hacer frente a las tensiones diarias: es lo que hoy se denomina un *adaptógeno*.

El astrágalo también previene algunos de los efectos secundarios de la quimioterapia, como las náuseas y el malestar estomacal. También ha despertado interés por su capacidad para aliviar algunos síntomas del síndrome de fatiga crónica. En términos más generales, se considera que tiene un efecto estabilizador, ya que calma a la persona tratada en los momentos de estrés. Cuando la energía del paciente es baja, se considera que tomar astrágalo es una forma de restablecer el equilibrio y revitalizar el organismo.

Es frecuente encontrar el astrágalo en estado silvestre por la zona templada de Asia, desde Kazajistán y toda Siberia hasta China. En algunas partes de China, el *ginseng* ha sido sobreexplotado, por lo que, en su lugar, la gente ha plantado astrágalo, un cultivo comercial adecuado para reemplazarlo. Sin embargo, los practicantes de medicina china consideran que el mejor astrágalo es el que procede de Mongolia Interior, donde se cree que los suelos y la geología confieren un sabor característico a las plantas, de la misma manera que en Francia se considera importante el *terroir* (terruño) para el cultivo de la vid y la elaboración del vino.

ANÍS ESTRELLADO

Illicium verum

El anís estrellado, *Illicium verum*, tiene forma de estrella, y cada punta contiene una semilla, lo que le da a la especia su nombre chino, *bajiao*, que literalmente significa «ocho cuernos». Se sabe que se cultivó durante la dinastía Song, a partir del año 960, y tiene fama de fortalecer el organismo y combatir las infecciones respiratorias y la gripe, así como otros microbios.

El anís estrellado posee un aroma intenso, similar al del regaliz, fácilmente reconocible cuando aparece en la característica mezcla china de «cinco especias», así como en algunas recetas modernas de vino caliente. En Asia se emplea para aromatizar dulces, bebidas, chicles e incluso cigarrillos.

En la medicina tradicional china (MTC), las plantas se valoran en función de la manera en que afectan al organismo. Así, el anís estrellado se considera una planta calórica, que aporta calor a las partes del cuerpo que están frías y bloqueadas, y a las personas con exceso de «energía fría». Se considera que estimula la circulación de calor, la vida y la «energía *qi*», aumentando el yang.

La semilla es el ingrediente principal del aceite de anís estrellado, vendido como aceite HuiYou y BaJiaoYou en China, pero también en las comunidades chinas de Malasia, Indonesia y otros lugares del sureste asiático. El árbol es de tamaño mediano, y florece y fructifica dos veces al año. A principios de la dinastía Ming, los agricultores del condado de Debao comenzaron a plantar árboles de anís estrellado con vistas a la exportación, y, a mediados del siglo XIX, la especia se vendía por su fragancia. Supuestamente, es uno de los ingredientes de la receta secreta del clásico perfume Paris de Yves Saint Laurent.

El anís estrellado siempre se ha considerado eficaz contra parásitos como las chinches, y se ha incluido en media docena de solicitudes de patentes chinas recientes para productos que incluyen un pesticida y un espray desodorizante. Se ha utilizado como tratamiento pesticida para el trigo, el pan horneado y contra la mosca de la fruta. En los últimos años se ha empleado como base para la síntesis del fármaco antiviral oseltamivir.

Las semillas del anís estrellado contienen varios minerales, como manganeso, cinc, calcio, hierro y fósforo. Su cultivo es extremadamente importante en Vietnam, así como en su China natal, donde se concentra en las provincias de Yunnan y Fujian y en la «ciudad natal del anís estrellado», Guangxi. Un aspecto poco conocido pero útil de su fragancia es que es muy eficaz para eliminar el olor a pescado. En China, encontrar una estrella de anís con más de ocho puntas se considera buena suerte, y la gente suele llevarla en la cartera o el bolso para atraer la fortuna.

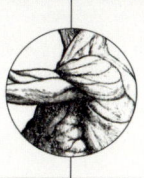

CÚRCUMA

Curcuma longa

La cúrcuma, una especia de color dorado azafrán, es muy apreciada en la cultura india, y ahora lo es en todo el mundo, por su papel en la cocina y en la medicina. Proviene de la raíz nudosa de la *Curcuma longa*, la base de una atractiva flor asimétrica cuya forma insinúa su estrecha relación con el jengibre, otro potente rizoma. Se considera que fortalece el organismo en general, estimula el sistema inmunitario y alivia dolencias que van desde la artritis hasta la depresión.

Los rizomas de cúrcuma se utilizan frescos (una forma cada vez más habitual en Europa) o hervidos, y luego deshidratados y molidos hasta obtener el polvo amarillo ahumado tan familiar entre cocineros. La cúrcuma viajó desde la India, donde crece de forma natural, hasta el resto del sureste asiático y, a través del mar, a Polinesia, Micronesia, Madagascar e incluso Hawái. Se ha hallado cúrcuma en los dientes de un individuo enterrado en una tumba cananea de la Edad del Bronce en Tel Megido, lo que sugiere que habría comido algo elaborado con especias traídas de la India. Esta ciudad fue un lugar estratégico de lo que hoy es Israel. Posteriormente se hizo célebre por su nombre griego, Armagedón.

La cúrcuma se ha utilizado con fines medicinales durante siglos. Su color amarillo, que tanto mancha, se debe a los curcuminoides que contiene, sustancias químicas que también tienen propiedades bioactivas. En culturas que van desde Irán hasta Sudáfrica, se utiliza en la cocina para dar al arroz un color amarillo característico. Incluso existe una bebida de cúrcuma, el *haldī dūdh*, o «leche dorada», que a menudo se prepara con leche de coco y pimienta negra.

La cúrcuma puede aliviar la artritis y otros dolores óseos y articulares. También hay evidencias, aceptadas por la Agencia Europea de Medicamentos, de que puede ayudar con los problemas digestivos.

La cúrcuma contiene una variedad de compuestos que afectan al organismo, pero los más importantes son los curcuminoides, así llamados debido al nombre de la planta, *Curcuma longa*. Las pruebas de laboratorio revelan que los curcuminoides interfieren en muchas de las vías de señalización de las células, lo que podría explicar las propiedades medicinales de la cúrcuma.

La cúrcuma forma parte de toda ofrenda *puja* de la cultura hindi, excepto las realizadas al dios Shiva, para quien no es adecuada por ser una sustancia demasiado femenina. En Bengala, el festival de la cosecha de Durga Puja tiene un ritual llamado Nabapatrika, o de las «nueve hojas», que celebra las nueve plantas esenciales para la vida bengalí, entre las que se incluyen el plátano, la colocasia y la granada. Las plantas se atan con un hilo sagrado, luego se sumergen en agua del río y se hacen ofrendas. Las hojas de cada planta hacen referencia a las diferentes formas adoptadas por la diosa Durga, a su vez simbolizada en el manojo por la cúrcuma.

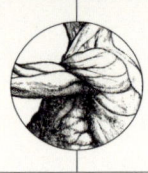

COLA DE PAVO
Trametes versicolor

La cola de pavo, o *Trametes versicolor*, es un «hongo de soporte» marmolado y plumoso que crece en capas escalonadas de forma semicircular, parecidas a conchas, en los laterales de los árboles en descomposición. Su borde más externo es siempre pálido, con un patrón de capas que recuerda a las de las ostras. Los herbolarios recomiendan la cola de pavo para la mejora de la salud general del organismo, desde estabilizar los niveles de azúcar en sangre hasta ralentizar el deterioro cognitivo.

Actualmente, los hongos se consideran un reino de seres vivos completamente diferente al de las plantas. Como nosotros, deben buscar alimento fuera de sí mismos, en el mundo, en lugar de producirlo mediante fotosíntesis. Sin embargo, debido a que crecen en lugares similares a los de las plantas, se los ha considerado tradicionalmente parte de los jardines botánicos, y en Kew siguen siendo parte formando del ámbito de competencias de la institución.

La cola de pavo es un hongo de pudrición blanca que vive en la madera húmeda y la descompone para que las plantas puedan reutilizarla. El hongo cola de pavo contiene dos compuestos bioactivos especialmente importantes que contribuyen al buen funcionamiento del sistema inmunitario, posiblemente estimulando la producción de leucocitos. No se deben comer estos hongos indigeribles. Antes se han de preparar en agua caliente, como las hojas de té. Se ha sugerido que la cola de pavo puede ser un reconstituyente general para el rendimiento deportivo, y también se ha recomendado para los «eternamente aprensivos», que necesitan conectar más plenamente con el mundo natural para calmar su mente.

La cola de pavo se ha utilizado tradicionalmente en la medicina tradicional, tanto en China, donde se conoce como *Yun Zhi*, como en Japón, donde se llama *Kawaratake*. Se registró por primera vez en el *Shennong Ben Cao Jing*, el famoso compendio de medicina herbal china compilado en algún momento del año 200 a.C., en el que se decía que la cola de pavo fortalecía los huesos y los tendones, así como el espíritu vital.

En Japón, la cola de pavo se ha utilizado durante muchas décadas como parte de tratamientos médicos más convencionales contra el cáncer. También se considera que promueve la salud intestinal al equilibrar bacterias buenas y malas de manera beneficiosa. En la medicina tradicional japonesa se ha utilizado para tratar afecciones respiratorias, especialmente enfermedades crónicas como el asma y la enfermedad pulmonar obstructiva crónica (EPOC). En el folclore nativo americano, la cola de pavo se consideraba un vínculo entre este mundo y el reino de los espíritus. Y ha cobrado mayor popularidad desde que el micólogo Paul Stamets pronunciara una emotiva charla TED en 2011, donde afirmaba que el hongo había ayudado a su madre a superar el cáncer.

CONSUELDA

Symphytum officinale

La consuelda, con flores que van desde los azules hasta el blanco y que cuelgan de los tallos como campanas, tiene cierta reputación de ser un remedio para todo. En inglés también lleva el apodo de *knitbone* («cura huesos»), y se utiliza tradicionalmente para tratar a quienes se recuperan de una fractura ósea. Las raíces contienen alantoína, una sustancia gelatinosa que se dice que ayuda a sanar los huesos. También se puede aplicar en esguinces.

Elizabeth Peplow escribió: «La consuelda es una planta de aspecto desaliñado pero vigorosa, enemiga del jardinero obsesionado con el orden». Una vez que crece en un lugar, es difícil controlarla, al igual que la menta. El herborista inglés John Gerard recomendaba añadir la gelatina de la raíz a la cerveza para tratar el dolor de espalda; según escribió, «la sustancia viscosa de la raíz mezclada con cerveza» podía ser una buena solución para todo dolor de espalda, ya fuera causado «por un movimiento violento, como en una pelea, o por los excesos de ejercicios sexuales».

El nombre de la consuelda proviene del latín *consolida*, que significa «unir», lo que apunta a su reputada capacidad para sanar fracturas óseas (el nombre latino del género refleja otro tipo de unión, la sinfonía). Se cree que las hojas y raíces de la consuelda estimulan el crecimiento de nuevas células de la piel y ayudan a aliviar el dolor de ligamentos, esguinces, distensiones y osteoartritis. Sus poderes fueron reconocidos por el médico y botánico griego Dioscórides en el siglo I d.C., quien dijo que era beneficiosa «para los que escupen sangre»; y también

la conocían los curanderos nativos americanos, que la usaban para aliviar la tiña, el pie de atleta y el asma. Otro de sus nombres en inglés es *bruisewort* («hierba para moratones»), que también sugiere estas facultades. Asimismo, y tristemente, durante los años de la gran hambruna en Irlanda, las familias tuvieron que recurrir a comer esta hierba ante la carencia de otros muchos nutrientes vitales.

Los horticultores saben que la consuelda se puede dejar en agua durante aproximadamente una semana para crear un maloliente pero potente fertilizante orgánico para plantas nuevas. Sin embargo, ahora se sabe que es tóxica para el ganado. Es más, ya no se recomienda su consumo por vía oral, sobre todo porque muchos híbridos de jardín parecen tener un contenido mucho más alto de sustancias químicas tóxicas. No obstante, sigue siendo una planta potencialmente útil como ingrediente en cremas y pomadas .

Y si la idea de una decocción potencialmente tóxica no resulta tentadora, tal vez se pueda confiar en los poderes «mágicos» de la consuelda, recomendada para viajar con seguridad y proteger el equipaje.

CAPÍTULO 2

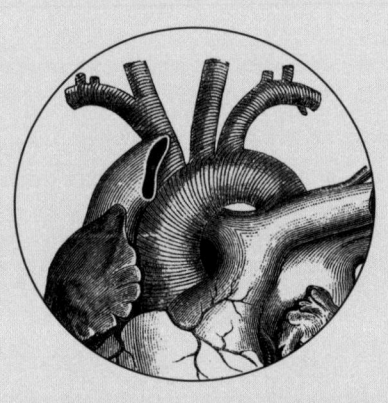

ALIVIAR EL CORAZÓN

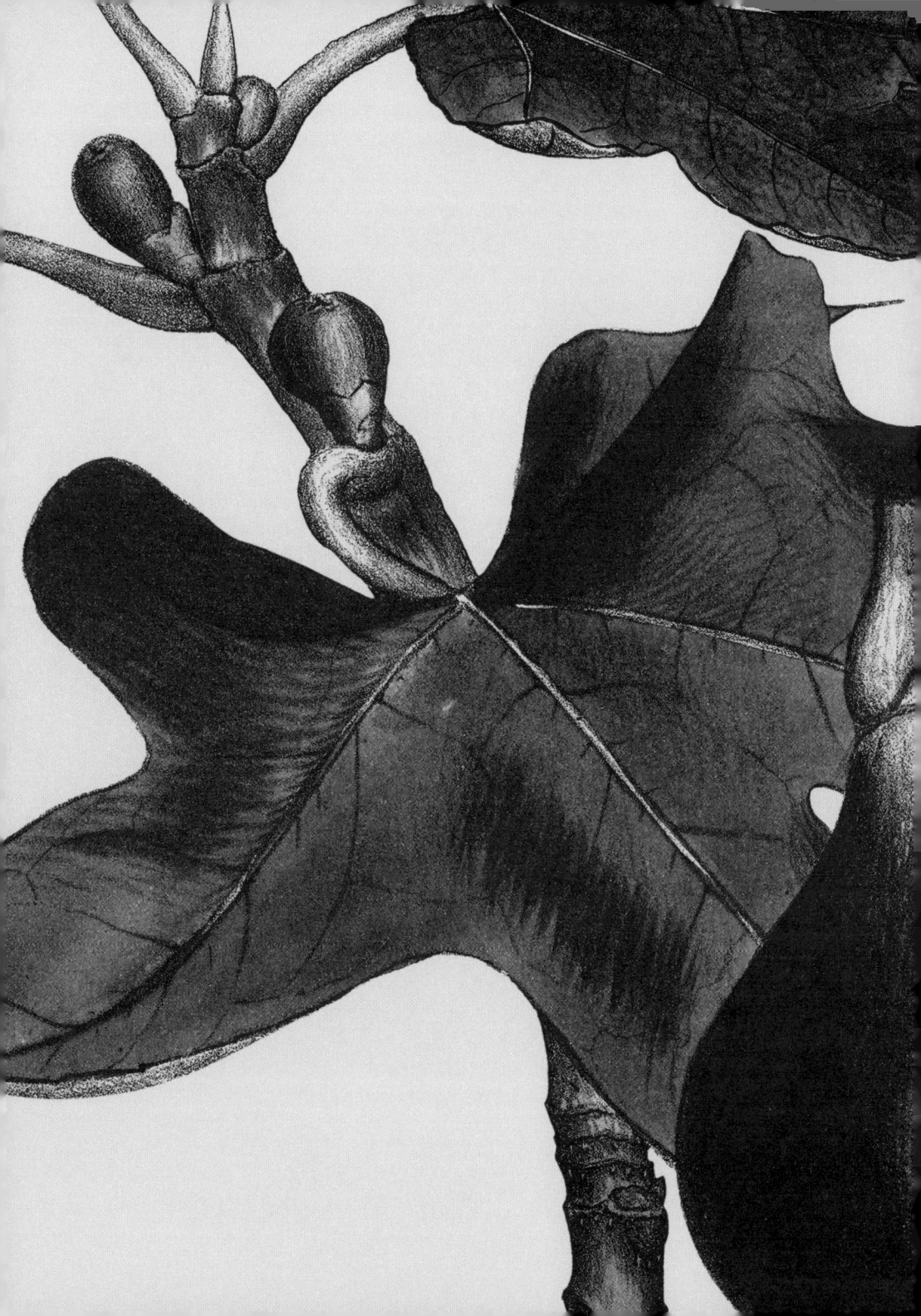

El filósofo griego Aristóteles (384-322 a. C.) ya argumentaba que el corazón era la sede de todas las emociones y todos los pensamientos humanos, haciéndose eco de la antigua sabiduría egipcia.

Los egipcios creían que, tras la muerte, el dios Anubis comparaba el peso del corazón de cada persona con el de una pluma. Aquellos de corazón pesado eran engullidos por Ammit, la bestia devoradora de muertos, y solo aquellos de alma más ligera iban al cielo.

Para estas culturas, el corazón era el centro del cuerpo, tanto emocional como físicamente. Todo el que haya experimentado el dolor de un «corazón roto», no solo emocional, sino también físico, puede entender esta lógica. La historia revela que el dolor y la pérdida han provocado en el ser humano gran angustia, y que este ha buscado en el mundo vegetal una manera de aliviar su dolor.

El conocimiento moderno del corazón se desarrolló a lo largo de los siglos, a medida que los anatomistas empezaron a comprender la circulación sanguínea y que el corazón era una bomba que impulsaba la sangre. Ya en el siglo XIII, el médico musulmán damasceno Ibn al Nafīs teorizó que la sangre debía pasar del lado izquierdo del corazón al derecho a través de los pulmones.

En su obra maestra *Anatomía de la melancolía* (1621), Robert Burton fue uno de los primeros en abordar el tema de la melancolía o la depresión tal y como la entendemos hoy en día. Para Burton, la melancolía abarcaba no solo la tristeza y la depresión, sino también la vergüenza, la envidia y la ira. Para calmar un corazón roto, había toda una selección de bálsamos, entre ellos el de escutelaria (*Scuttelaria lateriflora*), recomendada como tónico para los nervios y para reducir la ansiedad. Y el herborista James Snow propone que la escutelaria es ideal para aquellos a quienes, sencillamente, el mundo les pesa demasiado.

La lavanda es otra planta útil contra el mal de amores. Está llena de compuestos aromáticos que, según se dice, hacen que la persona esté más centrada si la ingiere, y a menudo se recomendaba como ingrediente de licores para levantar el ánimo. Nicholas Culpeper escribió que la lavanda era la receta perfecta para «los temblores y las pasiones del corazón». Este herborista del siglo XVII, saltándose las normas, luchó contra las convenciones de la época para regular la actividad de los boticarios. El Real Colegio de Médicos de Londres quería limitar la práctica a aquellos considerados «adecuadamente» cualificados por su órgano rector. Culpeper fue un auténtico héroe popular, que argumentó que aquello no era justo para muchos profesionales experimentados y versados. Declaró que había escrito su herbario para la gente común, para que «con la ayuda de mi libro pudieran curarse a sí mismos y nunca recurrir a algunos médicos como los que hoy se dan por buenos».

La melisa era otra hierba muy recomendada para la tristeza. El médico suizo Paracelso fue también una figura legendaria en la práctica alquímica medieval, y sirvió

Derecha: el corazón ilustrado como una máquina de bombeo; su función comenzó a comprenderse en el siglo XIII.

42

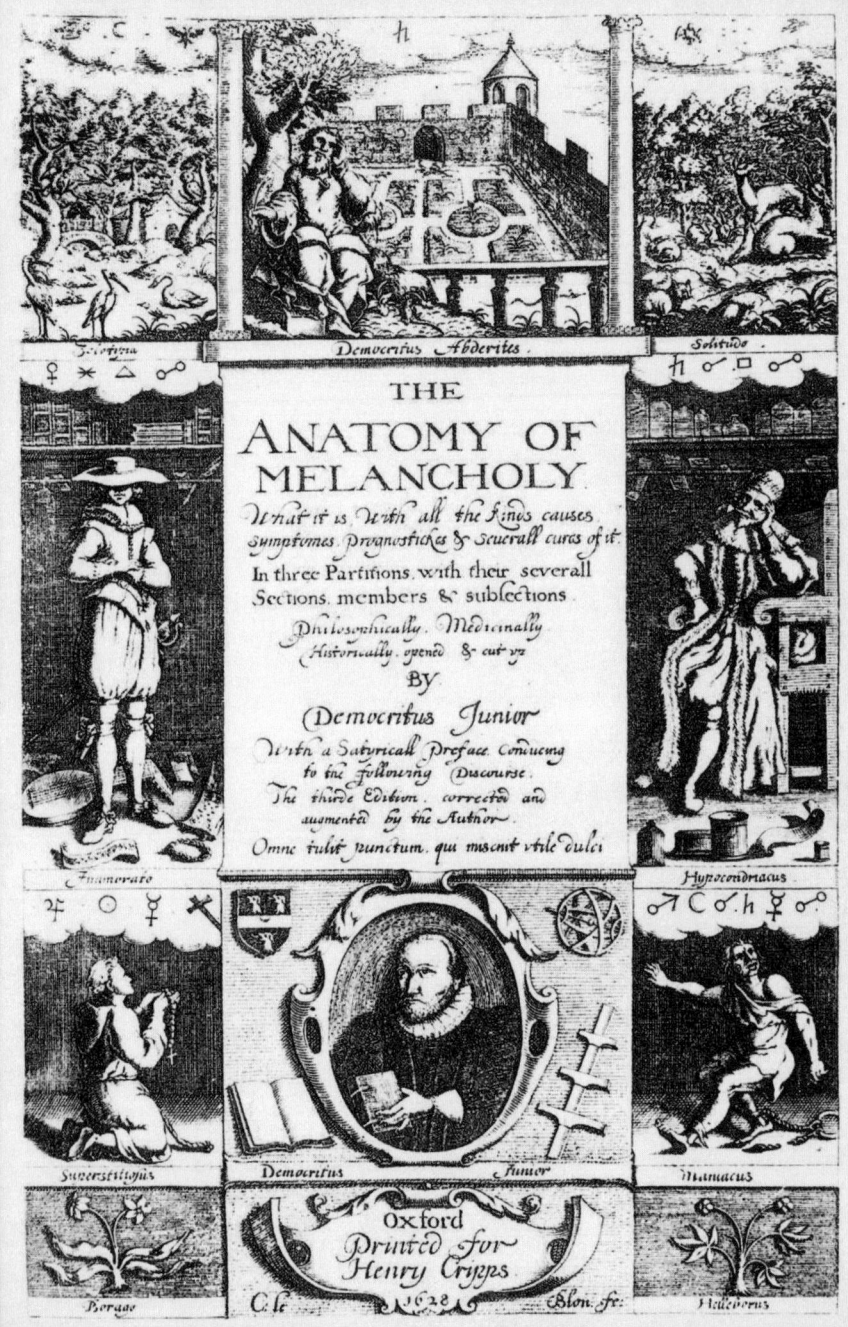

de inspiración para el personaje del doctor Frankenstein. Afirmaba que la melisa «revitalizaba por completo» a las personas que sufrían de tristeza. Y John Evelyn, diarista del siglo XVII y que tenía un huerto medicinal en Deptford (Londres), escribió: «La melisa es excelente para el cerebro, ya que reduce vigorosamente la melancolía».

Hoy en día, sabemos que existe una afección médica llamada «síndrome del corazón roto», o síndrome de *takotsubo* (nombre japonés). Se produce cuando alguien sufre un estrés emocional o físico grave y, por lo general, es reversible. Se denomina *takotsubo* a las nasas que se utilizan en Japón para pescar pulpos y que son parecidas a la forma que adquiere el ventrículo izquierdo del corazón cuando es sometido a estrés. También se sabe que, en parejas muy unidas, la muerte de uno de los miembros puede ir seguida de la muerte del otro en poco tiempo. Ambos ejemplos revelan cómo el mundo emocional puede tener impacto en la existencia física del cuerpo.

Más allá del ámbito del corazón emocional se encuentran los trastornos del músculo que bombea sangre y nos mantiene con vida. Los médicos actuales entienden que las emociones son principalmente cuestiones del cerebro, pero los nuevos conocimientos sobre el nervio vago, así como las investigaciones de Bessel van der Kolk, autor del éxito de ventas *El cuerpo lleva la cuenta* (2014), sugieren que el cuerpo sigue siendo un lugar donde se expresan la tristeza emocional profunda y el estrés.

La medicina ayurvédica surgió en la India durante el primer milenio a.C., y la gran mayoría de sus recetas provienen directamen-

te de las plantas. En ese sistema, la tristeza y la depresión pueden presentarse por un desequilibrio entre los *doshas*. El *Terminalia arjuna*, o arjuna, es un árbol del que se extrae un antiguo remedio ayurvédico indio para el sueño, recomendado por varios textos antiguos, como el *Sushruta Samhita* (del siglo VI a.C. y preservado en hojas de palma en Nepal), el *Charaka Samhita* (c. 100 a.C.) y el *Ashtanga Hridaya* (c. 500-600 d.C.). Después, su corteza se utilizó en una decocción tradicional para tratar la hipertensión arterial, la angina de pecho, la insuficiencia cardíaca congestiva y, al parecer, también para calmar tanto el cuerpo como la mente.

Otro remedio similar era la agripalma (*Leonurus cardiaca*), cuyo nombre latino sugiere sus aplicaciones como tratamiento para el corazón. Estaba indicada para las palpitaciones, y Nicholas Culpeper la utilizaba para «expulsar los vapores melancólicos» del corazón y «mejorar el ánimo». John Gerard, un herborista que tenía un huerto en Holborn y que elaboró por vez primera un catálogo exhaustivo de plantas, decía que muchos recomendaban la agripalma para las «enfermedades del corazón». Sin embargo, en el herbario *Macer floribus*, compilado por un autor anónimo en el siglo XIV, en Cheshire (Inglaterra), también se prescribía para ahuyentar los «malos espíritus».

El espino, un hermoso árbol que florece en primavera, también se ha utilizado tradicionalmente para tratar los corazones enfermos desde la antigüedad. Las bayas eran apreciadas por su precioso color rojo rosado, quizá por la llamada «teoría de las signaturas». Esta teoría defendía que una planta podía tratar una parte del cuerpo a la que se parecía, y las bayas, por su color, se utilizaban para tratar afecciones

Izquierda: el tratado sobre la melancolía de Robert Burton, publicado en 1621, proponía que este estado abarcaba la tristeza, la depresión, la vergüenza, la envidia y la ira.

sanguíneas como la hipertensión arterial y la insuficiencia cardíaca. El espino contiene muchos compuestos que podrían ser útiles para la salud del corazón, entre ellos flavonoides antioxidantes que ayudan a dilatar los vasos sanguíneos y favorecen un flujo sanguíneo saludable. Hoy en día, varios estudios sugieren que el espino podría ayudar a tratar la insuficiencia cardíaca y la angina de pecho, aunque son necesarios más estudios para verificar estos resultados. Cabe señalar que puede tener efectos secundarios e interferir con ciertas medicaciones.

En la medicina tradicional china (MTC), los médicos recetaban astrágalo y *Salvia bowleyana* para la insuficiencia cardíaca congestiva. Sin embargo, hasta finales de la Edad Media, la mayoría de los anatomistas creían que había dos sistemas separados en el cuerpo, uno que llevaba la sangre púrpura del hígado a las extremidades y otro que llevaba la sangre roja de los pulmones a través de las arterias. A principios del siglo XVII, William Harvey utilizó las válvulas venosas para demostrar que toda la sangre de las venas regresaba al corazón. Sin embargo, a pesar de su enfoque científico, Harvey fue un hombre condicionado por la época en la que vivía. Así, trazó paralelismos entre el corazón, situado en el centro del cuerpo, y el sol, en el del cielo.

No obstante, no era necesario que boticarios y herboristas tuvieran un conocimiento profundo de la circulación sanguínea, ya que podían tratar afecciones como la hidropesía y la angina sin saber exactamente qué eran. La hidropesía era un término genérico para referirse a la insuficiencia cardíaca, que provoca un aumento de la retención de líquidos en el cuerpo, directamente debajo de la piel, dando un aspecto característico

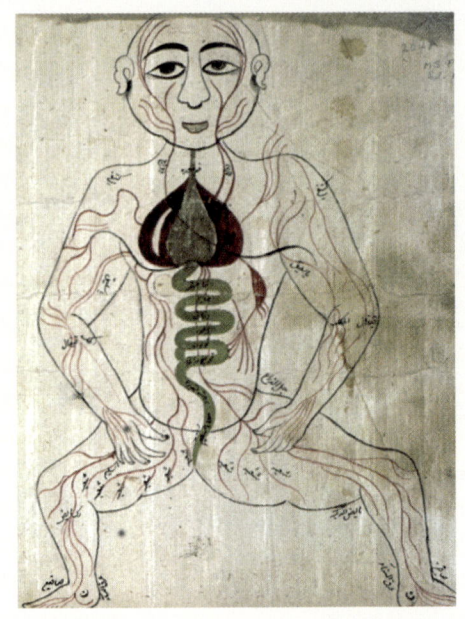

a quienes la padecen. Una de las formas de aliviarla era realizar una sangría o aplicar sanguijuelas. También llamado hoy edema, la hidropesía figuró como una de las causas más comunes de muerte en pacientes antes del siglo XX, aunque lo más probable es que la culpa fuera de la insuficiencia cardíaca subyacente. A los jóvenes de principios del siglo XX se les solía recomendar que comieran cebolla «para fortalecer la sangre». Hoy sabemos que consumir cebolla reduce el colesterol y puede ayudar a disolver coágulos sanguíneos, lo que demuestra la eficacia de esa antigua sabiduría.

Arriba y a la derecha: ilustración del siglo XVIII que muestra el sistema venoso y los órganos internos; el espino (dcha.) es un árbol de flor que se creía que curaba el corazón enfermo.

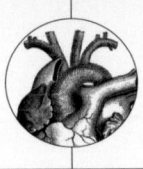

HIGUERA

Ficus

La higuera es un árbol conocido desde la prehistoria; crece silvestre en Europa y Asia, pero sus frutos y hojas son especialmente apreciados como alimento en el Mediterráneo. Tiene profundas raíces que buscan agua en los suelos más rocosos, y su fruto fibroso contribuye a la salud digestiva. Se afirma que los higos mejoran la tensión arterial y los niveles de lípidos en sangre, controlando así la hipertensión y el colesterol.

En la cultura babilónica temprana, se identificaba a la diosa Ishtar con una higuera, fuente primigenia de vida en el mundo; Adán y Eva cubrieron su desnudez con hojas de higuera; y Buda alcanzó la iluminación bajo una higuera pipal (*Ficus religiosa*). También se dice que Rómulo y Remo hallaron cobijo bajo una higuera antes de que los encontrara la loba que los amamantó.

Sin embargo, los higos también tenían usos prácticos: Plinio el Viejo los recomendaba como manjar exquisito y, a la vez, y de manera chocante, como alimento barato y sustancioso para alimentar a los esclavos. Los higos se han hallado en algunos de los lugares de actividad humana más antiguos, por lo que podrían ser la primera planta cultivada. Plinio enumeró 29 variedades diferentes, pero actualmente se cultivan cientos en todo el mundo, y todas son apreciadas por su dulce fruto.

Desde muy temprano se apreciaron los higos por sus posibilidades curativas. En un hadiz, el profeta Mahoma ya menciona que estos frutos podrían haber descendido del paraíso, pues no contienen semillas no comestibles y «evitan las almorranas y ayudan a combatir la gota». Su suave acción laxante proporciona alivio reconfortante a las personas con estreñimiento, y también se cree que tienen un efecto sobre las membranas mucosas, ayudando a combatir resfriados y a aliviar los problemas sinusales.

Hoy en día se sabe que los higos son ricos en potasio, lo que ayuda a regular el organismo equilibrando los niveles elevados de sodio y, en consecuencia, teniendo un efecto positivo en la presión arterial. Los higos también contienen vitamina K, que interviene en la coagulación de la sangre, por lo que las personas que toman anticoagulantes no deberían consumirlos en exceso.

La medicina popular también recomendaba aplicar un higo sobre las verrugas, ya que se creía que ayudaba a hacerlas desaparecer. Por otro lado, en la Biblia, el libro de Isaías describe su aplicación en forma de cataplasma para los forúnculos. Isaías da las siguientes instrucciones: «Tomen masa de higos, y pónganla en la llaga, y [Ezequías] sanará».

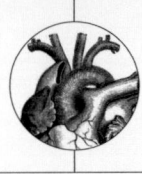

ACHICORIA
Cichorium

En las culturas del Mediterráneo, las hojas de la achicoria y otras
variedades de *Cichorium* se consumen como hortaliza amarga,
a menudo escaldadas para suavizar su gusto acre, o aliñadas
con aceite, vinagre y sal, como en la famosa ensalada italiana
puntarelle alla romana.

Se toma tradicionalmente para la salud del corazón y tratar la hipertensión, así como para el hígado y la congestión digestiva.

Resulta tóxica para los parásitos y se prescribe desde hace mucho tiempo como purgante. Se recomienda a veces con la esperanza de que disuelva los cálculos renales. El pueblo cheroqui norteamericano la consume en forma de infusión calmante.

Durante muchos siglos se ha cultivado para utilizar su raíz en la elaboración de una bebida caliente, como alternativa al café; y en Francia todavía se vende Ricoré, una mezcla de ambas plantas. La ausencia de cafeína la convierte en una opción popular para los practicantes de religiones que prohíben todos los estimulantes, como la Iglesia de Jesucristo de los Santos de los Últimos Días. Su fuerte sabor la convirtió en una de las hierbas amargas que simbolizaban la Pasión de Cristo en la pintura europea.

Ya desde tiempos anteriores a los celtas, la achicoria se consideraba una planta sagrada, una diosa de ojos azules vueltos hacia el sol. Así surgió el simbolismo de la achicoria como doncella fiel y esperanzada, y era tradicional que las jóvenes llevaran la flor en su vestido para aumentar las posibilidades de encontrar un pretendiente.

El simbolismo de la achicoria siguió vigente, especialmente en la época romántica, cuando contribuyó a la idea de la flor azul como emblema del anhelo, el idealismo y un futuro esperanzador. Algunas creencias populares sugerían que quien la poseía podía abrir puertas cerradas.

La achicoria suele crecer al borde de los caminos, como lo demuestra este poema de John Updike: «Muéstrame un pedazo de tierra olvidada de Dios, / una franja entre una acera desierta, por así decir, / y un terreno arrasado, lleno de vidrios rotos, / y allí, llegado julio, habrá achicoria». La flor solo se abre cuando brilla el sol, por lo que en días nublados solo se ven los tallos peludos.

MADRESELVA

Lonicera

La madreselva suele olerse antes de verse. Su deliciosa fragancia es más intensa por la noche para atraer a las polillas que la polinizan. Hay 158 especies de madreselva, y la planta asiática *Lonicera japonica*, o *jin yin hua*, se utiliza en la medicina tradicional china (MTC) para tratar la fiebre y la tos, y en la medicina tradicional japonesa para controlar la hipertensión arterial.

Se trata de una planta atractiva, cuyos beneficios van más allá de sus delicadas flores blancas y doradas y de su embriagador perfume. Plinio el Viejo escribió que debía añadirse al vino para tratar los trastornos del bazo, y en época de Nicolas Culpeper, en el Londres del siglo XVII, esta planta trepadora seguía siendo una receta incluida en su popular herbario. La MTC prescribe la madreselva para reducir los niveles de toxinas en el organismo, o bien fumada para tratar afecciones pulmonares, o bien preparada con agua caliente como infusión. Se dice que «refresca» a quienes tienen demasiado calor y estrés en su vida y que fortalece a aquellos que se encuentran indispuestos.

En otro lugar, los ainu, pueblo indígena del norte de Japón, han considerado las bayas de su madreselva nativa, llamadas *haskap*, un «elixir de la vida». Las bayas tienen sin duda altos niveles de vitamina C. A menudo se utilizan de forma tópica, trituradas, para aliviar la piel inflamada y reducir el enrojecimiento de las erupciones cutáneas. Las bayas también se utilizan en lociones y pomadas, y la crema de madreselva se aplica sobre los cortes para ayudar a la cicatrización.

Durante la pandemia por la COVID-19, la madreselva fue muy recetada por herboristas de toda Asia para combatir los síntomas causados por el coronavirus, debido a su historial como tratamiento para la fiebre, la tos y los resfriados. Por otra parte, sus propiedades antivirales siguen siendo objeto de investigación. Estudios recientes también han destacado las propiedades cardiotónicas de la madreselva, especialmente la *Lonicera caucasica*, subsp. *orientalis*, y la madreselva pilosa del norte de Europa, *L. xylosteum*, utilizada tradicionalmente en Polonia y Rusia durante siglos para tratar el cáncer y la gripe, así como muchos tipos de lesiones.

En la mitología griega, la historia de Dafnis y Cloe cuenta que los amantes separados solo podían verse cuando florecía la madreselva. Y en Escocia, la creencia popular dice que una casa con madreselva alrededor de la puerta atrae la fortuna; si su maravilloso aroma se considera buena suerte, entonces, esto es cierto. El poema «Granny's Gairden», de George P. Dunbar, dice así: «La madreselva la pared trepa, / y siempre, al alba, / se cuela un aroma dulce / que anuncia el nuevo día».

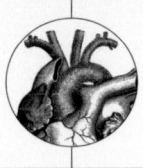

RODIOLA

Rhodiola rosea

En Rusia y los países escandinavos, la rodiola se ha utilizado durante siglos para tratar la depresión y la ansiedad. Es una planta de crecimiento bajo y hojas carnosas distribuidas en forma de roseta, de la que brotan flores amarillas estrelladas durante el corto verano ártico. Se dice que ayuda significativamente a combatir el cansancio, mejorar la concentración y la memoria, reducir el estrés, aumentar los niveles de energía y desarrollar resiliencia.

La rodiola pertenece a la familia de las crasuláceas, y fue descrita por primera vez en un herbario escrito por Dioscórides. Este fue probablemente un médico del ejército romano y recabó la información contenida en su libro *De materia medica* mientras viajaba con las legiones. Se trata de una guía de plantas medicinales escrita entre 50 y 70 d.C., y en ella se hace referencia a la rodiola como *rhodia riza*. Posteriormente, la rodiola apareció en la primera farmacopea creada para Suecia, lo que indica su origen nativo.

La rodiola crece de forma silvestre en latitudes septentrionales, concretamente por encima del círculo polar ártico, y se dice que era utilizada por el pueblo vikingo para combatir las infecciones y aumentar la fuerza. Pueblos originarios de Alaska, como los inupiat, toman infusiones de rodiola; y, en Groenlandia, los inuit la mezclan en una decocción con grasa de foca para ayudar a lidiar con el estrés de su vida cotidiana y mejorar su rendimiento físico.

A partir de estos usos tradicionales, se ha convertido en un tónico popular en todo el mundo nórdico. También se recomienda encarecidamente como remedio contra el mal de altura, un uso especialmente arraigado en el Himalaya. En Mongolia se ha utilizado la rodiola para tratar tanto el cáncer como la tuberculosis; en Siberia se administra a los recién casados con el objetivo de estimular su fertilidad, y a menudo se incluye en los ramos de novia en verano. En Noruega es habitual utilizarla como enjuague calmante para el cabello recién lavado.

Durante la Guerra Fría, la élite política rusa comenzó a probar la rodiola en atletas olímpicos para ver si podía aumentar su rendimiento deportivo, y también en soldados, para ayudarles a sobrevivir a las bajas temperaturas y a las altitudes elevadas. Incluso se administró a los cosmonautas para ayudarles a sobrellevar los retos que suponían las condiciones de vida en un espacio abarrotado como el de la estación espacial rusa. Más recientemente se ha probado en médicos jóvenes durante las guardias, y se ha comprobado que reduce considerablemente los niveles de fatiga percibidos. Hoy en día se cita como una buena hierba medicinal para quienes sufren el moderno síndrome de «quemarse» por el trabajo, algo muy alejado del estrés de los vikingos y del ejército romano, que debía de ser de un tipo muy diferente.

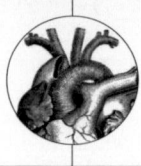

ALCACHOFA

Cynara cardunculus var. *cardunculus*

Las alcachofas son una variedad domesticada del cardo silvestre que crece en todo el Mediterráneo. Contienen niveles extremadamente altos de antioxidantes. Homero ya mencionaba los cardos y, más tarde, también Plinio el Viejo. Los indicios arqueológicos apuntan a que se han consumido desde la antigüedad clásica. Son conocidos por regular el sistema digestivo y como tónico para el hígado, y se considera que reducen los niveles de colesterol «malo» y otros lípidos en la sangre.

Las alcachofas pertenecen a la familia de los cardos y producen unas flores moradas características si se las deja florecer. Algunos historiadores franceses han señalado que los cultivadores árabes, posiblemente en la España morisca, mejoraron los brotes espinosos para que cada uno tuviera más pulpa comestible. Sin duda, la palabra «alcachofa» proviene del árabe *al-jaršuf*. Pero no solo se comían en Europa, ya que las alcachofas se encuentran en toda Asia y en las tierras de los nativos americanos, donde también se utilizaban con fines medicinales.

La medicina tradicional china (MTC) ha empleado esta planta en la elaboración de un tónico amargo y fuerte para el hígado y la vesícula biliar que se cree que elimina las impurezas y mejora la sangre. En la actualidad se utiliza para tratar la esteatosis hepática (hígado graso), ya que se considera que aumenta la producción de bilis y reduce la inflamación de los tejidos circundantes.

En los herbarios medievales, la alcachofa se consideraba purgante, ya que «provoca gran cantidad de orina maloliente». En Italia, la planta es el ingrediente aromatizante del Cynar, aperitivo de color marrón oscuro, en cuya etiqueta aparece bellamente ilustrada la alcachofa. En la década de 1960, los anuncios de esta marca mostraban al actor italiano Ernesto Calindri aconsejando a los italianos que lo bebieran «contra el desgaste de la vida moderna». Para quienes deseen un remedio de este tipo, el popular Aperol se puede sustituir por Cynar en la elaboración de un *spritz*.

En la Nueva York de la década de 1930, tanta era la pasión por las alcachofas que la familia Morello se hizo con el suministro de estas hortalizas, un negocio de extorsión entonces valorado en un millón de dólares anuales. La violencia y la intimidación dirigidas a los agricultores y proveedores obligaron al alcalde, Fiorello La Guardia, a decretar la prohibición (si bien breve) de la venta de esta hortaliza.

Las alcachofas poseen otro beneficio, quizá menos obvio. John Gerard fue un herborista isabelino que creó un jardín botánico con alrededor de mil plantas en los alrededores de su «casita de campo» en Fetter Lane, en Holborn. En 1597, escribió sobre ellas: «Además, he descubierto que la raíz es buena contra el olor rancio de las axilas».

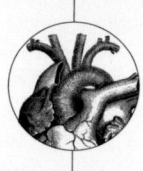

REISHI

Ganoderma lingzhi, G. sichuanense, G. lucidum

Los indicios arqueológicos sugieren que la seta *reishi*, conocida como *lingzhi* en Asia Oriental, ya se utilizaba con fines medicinales en China durante el Neolítico, hace unos 6800 años. Hoy en día, esta «seta del alma» o «reina de las setas» sigue siendo muy apreciada —especialmente en Japón— como complemento frecuente de tratamientos convencionales contra el cáncer, como la quimioterapia.

En toda Asia Oriental, el hongo *reishi* se considera importante para la longevidad y la salud. Según la mitología china y coreana, fue en las montañas donde la diosa Magu convirtió el *reishi* en vino de la inmortalidad. Existen bellas imágenes de la divinidad caminando con su cesta a la espalda y llevando en la mano setas *reishi* recién recolectadas.

La primera vez que el hongo *lingzhi* se menciona como remedio es en el famoso *Shennong Ben Cao Jing*, durante la dinastía Han, alrededor del siglo I d.C. En las páginas de este herbario leemos: «Aligera y rejuvenece el cuerpo, alarga la vida y convierte a quien lo toma en un inmortal que nunca muere». En los siglos siguientes se añadió más información y, en el herbario *Ben Cao Gang Mu*, de 1590, se discuten en detalle los poderes de este hongo. En representaciones de arte taoístas se muestra la importancia del *lingzhi* durante aquella época, respetado por su capacidad para aumentar la energía, preservar la memoria y fortalecer el corazón.

En China sigue recomendándose con frecuencia para toda una serie de afecciones, como palpitaciones y dificultad para respirar. Se ha investigado como posible reconstituyente para quienes padecen síndrome de fatiga crónica y, en ocasiones, se promociona como ayuda para dietas, ya que se cree que aumenta los niveles de quema de grasa en las células.

Cuando es recolectado en un entorno silvestre, su valor es enorme, y los agricultores han trabajado duro para producir hongos *reishi* en diversos entornos de cultivo. Finalmente, idearon un método para cultivarlo en troncos, grano e incluso serrín, aunque algunos boticarios continuaron argumentando que los hongos silvestres tenían una acción más potente.

La creencia popular ha otorgado al *lingzhi* el poder de reavivar el vigor, alcanzar el éxito y fortalecer el bienestar. Como receta es muy prometedora, pero es que el hongo en sí mismo tiene indudables beneficios para la salud. En todo el mundo, el *reishi* es un producto saludable en auge, y se prevé que las ventas aumenten a medida que se comprenda mejor el valor de los hongos medicinales.

ASHWAGANDHA
Withania somnifera

La *ashwagandha* (bufera o *ginseng* indio) se elabora a partir del arbusto de hoja perenne que le da nombre, y es un remedio muy utilizado en la medicina ayurvédica. El término sánscrito, *ashwagandha* significa «olor del caballo», lo que sugiere la fuerza que promete, aunque también describe el potente aroma de la raíz recién extraída. Se dice que reduce los niveles de cortisol, una propiedad beneficiosa para la estresante vida moderna, y tiene fama de moderar la presión arterial y el ritmo cardíaco. Todo ello la ha hecho muy popular como planta medicinal en TikTok.

La *ashwagandha* pertenece a la familia de las solanáceas y, al igual que muchas otras plantas emparentadas, como el tabaco, tiene un efecto medible en el cuerpo humano. Se cree que ayuda a regular el contenido de la sangre, desde la insulina hasta los lípidos y los marcadores de estrés. La *ashwagandha* aparece por primera vez en los registros históricos ayurvédicos en el libro llamado *Charaka Samhita*, que se remonta al año 100 a. C., aproximadamente. Tal como sugiere su nombre latino, *somnifera*, una de las primeras aplicaciones fue la de ayudar a conciliar el sueño.

Se prescribe frecuentemente para la ansiedad y para ayudar a quienes tienen problemas de memoria, lo cual explica tal vez por qué también se la llama *ginseng* indio. Algunas pruebas de laboratorio demuestran que puede regular la cantidad de dopamina percibida en el cerebro, así como aumentar la serotonina. También se está investigando su capacidad para neutralizar las proteínas amiloides involucradas en el alzhéimer.

Aunque parezca un medicamento útil para casi cualquier persona, los verdaderos practicantes del ayurveda nunca recetarían *ashwagandha* a quienes sienten que necesitan perder peso o a aquellos que padecen sofocos, ya que su efecto en el organismo no sería el adecuado.

Las conocidas propiedades ansiolíticas de la *ashwagandha* suelen llevar a clasificarla como «adaptógeno», lo que significa que contribuye a que el cuerpo se adapte a las exigentes condiciones de vida y aumente su resiliencia. Existen indicios de que modifica la forma en que el cuerpo comunica los mensajes de estrés, mejorando la percepción de los sentimientos de ansiedad. En el renombrado hospital oncológico Memorial Sloan Kettering, en Nueva York, se ha utilizado para ayudar a pacientes a sobrellevar el estrés que supone someterse a un tratamiento contra el cáncer. Y hoy en día sigue utilizándose para ayudar a quienes buscan un buen descanso nocturno, un beneficio sin duda apreciado por casi todo el mundo.

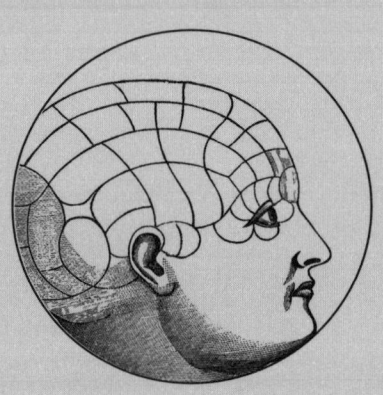

CAPÍTULO 3

ALTERAR LA MENTE

Desde el principio de los tiempos, el ser humano ha intentado evadirse de la realidad, a menudo brutal, a la que se enfrentaba, y las drogas que generan estados modificados de conciencia eran una de las vías de escape más poderosas.

Para categorizar su eficacia designamos a estas medicinas como *psicoactivas*. Estas sustancias vegetales han desempeñado un papel importante en contextos espirituales, religiosos y sociales, lo que nos permite entrever un mundo en el que la medicina y la botánica no estaban tan separadas. Cuando estas drogas se utilizan en un contexto religioso o espiritual, se les da el nombre de *enteógenas*. Quienes las consumen pueden desear una experiencia extrasensorial o mejorar la concentración y claridad mentales. A menudo, los primeros curanderos eran capaces de sugerir remedios para ayudar a sus pacientes a encontrar respuestas.

Muchas culturas usaban las drogas derivadas de plantas de esta manera. La *Salvia divinorum*, o salvia de los adivinos, recibió su nombre específicamente porque inducía visiones a sus usuarios que podían ser útiles para adivinar el futuro. El primer uso documentado de esta planta es el que hacían los chamanes aztecas para modificar su conciencia, evocando recuerdos inesperados del pasado y provocando risas alegres o incluso incontrolables. En Inglaterra se conocían las facultades de la salvia: «La salvia es singularmente buena para la cabeza y la mente», escribió el herborista John Gerard en 1628, ya que «estimula los sentidos y la memoria».

En América del Sur, una bebida intoxicante a base de plantas era la ayahuasca (o yagé), una decocción alucinógena que usan los pueblos indígenas de la cuenca del río Amazonas. Se elabora combinando la liana *Banisteriopsis caapi* con las hojas de *Psychotria viridis*, y se consideraba un regalo de los dioses o espíritus de la selva a quienes la bebían. Se cree que permite la comunicación con los espíritus y el acceso a otras dimensiones, de otro modo invisibles.

En las lenguas quechuas habladas localmente, *aya* significaba «cuerpo» o «cadáver», y *huasca* significaba «enredadera leñosa» o «liana», por lo que *ayahuasca* significa «liana de los muertos» o «enredadera de las almas». La persona que tomaba la bebida podía hablar con seres queridos fallecidos hacía mucho tiempo o ser capaz de ver con certeza predicciones del futuro; incluso se la considera una «planta maestra».

Izquierda: ilustración médica china que muestra la cara y la cabeza. El *ginkgo* se utiliza en la medicina tradicional china para abrir los canales de energía, pero actualmente se están investigando sus propiedades para mejorar la memoria.

Arriba: el soma, una bebida ritual mencionada en el *Rig Veda*, es también otro nombre del dios de la luna Chandra (representado en este grabado del siglo XVIII de *El libro de los sueños*).

Hoy en día conocemos muchos grabados y esculturas prehistóricos que ilustran el proceso de elaboración o el uso de la ayahuasca. No cabe duda de que se requería una gran habilidad para elaborar las especificaciones exactas necesarias para producir visiones sin intoxicar al consumidor, y podemos suponer que los herboristas quechuas eran muy competentes en la preparación de esta bebida y de otras drogas.

El nombre latino de la planta, *Banisteriopsis*, proviene de John Baptist Banister, lo que puede resultar algo irónico. Banister era sin duda un ávido coleccionista de plantas, pero fue enviado a Barbados y, luego, a la Virginia británica en 1679 como misionero y capellán, por lo que es poco probable que hubiera probado muchas plantas alucinógenas.

En el caso del soma, brebaje usado en la India, sus ingredientes son más inciertos. Esta bebida se menciona en el *Rig Veda*, uno de los textos más sagrados de la India, y es descrito como un néctar divino que podía dar inmortalidad y generar visiones. Soma era el nombre tanto de una deidad (el dios de la luna Chandra) como el de la bebida, que parece haber sido un elemento fundamental en las primeras prácticas religiosas indoiraníes.

Los hongos también eran un elemento importante en la medicina para la mente. Las setas mágicas eran utilizadas por muchas culturas, pero el uso de la psilocibina de los hongos *Psilocybe* se originó en culturas mesoamericanas como la azteca y maya, que los llamaban *teonanacatl*, o «carne de los dioses». Al igual que las otras drogas aquí consideradas, su objetivo era conectar con el mundo de los espíritus y conversar con las deidades en persona. Las setas mágicas también se han utilizado en Europa, y se cree que algunos murales de las cuevas de Selva Pascuala, en España, que datan de hace unos seis mil años, muestran el uso de hongos psicoactivos. De hecho, han sido identificados provisionalmente como un hongo que todavía se encuentra en la región, *Psilocybe hispanica*.

Sin embargo, alterar la mente no tiene por qué implicar necesariamente un uso ritual complejo. Otro uso podría ser permitir a las personas ignorar las dificultades de sus vidas. Por ejemplo, hay indicios arqueológicos en el norte de Perú que sugieren que el uso de hojas de coca se remonta al menos a ocho mil años atrás: se han encontrado vasijas especiales utilizadas para almacenarlas. Y está claro que el uso de la coca continuó. También se han encontrado vasijas en Huaca Prieta, un asentamiento prehistórico de hace unos dos mil años, junto con pruebas de que los lugareños también habían domesticado el maíz para obtener harina, cerveza y, curiosamente, «palomitas ceremoniales».

Los beneficios de la coca fueron probablemente evidentes desde el principio: esta estimula el cerebro y suprime el hambre, el dolor y la fatiga, lo que permite a las personas trabajar durante más tiempo. Ninguna de las cuatro especies existe actualmente en estado silvestre, lo que sugiere una cría intensiva por parte de agricultores que comprendían el valor medicinal de la planta y querían aumentar su valor mediante la domesticación. En este contexto, como producto preciado, los miembros más ricos de la sociedad podían regalar hojas de coca durante los rituales, y los muertos eran momificados y enviados al más allá con una bolsa de hojas. Como medicina, esta planta no es solo un estupefaciente, sino que se considera que atenúa el mal de altura y las hemorragias nasales, y también sirve como anestésico. Hoy en día, en Perú, tomar una taza de mate de coca es muy común en las cafeterías, lo que vincula al país con su lejano pasado.

En África Oriental, la gente mastica *khat* en su vida cotidiana, ya que proporciona un ligero estado de alerta, excitación e incluso euforia. Los sufíes de la región lo utilizaban antiguamente para amplificar sus experiencias místicas. En muchos países de África Oriental, el *khat* se conoce también como «té abisinio» o «té somalí». También se consume en la península Arábiga; en Yemen, donde se suele combinar con tabaco y té, su cultivo consume más del 40 % del agua destinada a la agricultura en este país desértico.

Hoy en día, la medicina occidental tiende a reconocer algunos beneficios limitados para la salud del uso de ciertos tipos de alucinógenos, como en la psicoterapia y con las microdosis. Sin embargo, actualmente se están explorando otras formas de «modificar la conciencia». Los medicamentos que contienen *ginkgo* y *gotu kola* se aprecian desde hace mucho tiempo como método para agudizar la comprensión y aportar claridad mental. Hoy en día, quizá no sea tan necesario provocar visiones sino algo que nos ayude a recordar mejor nuestra lista de tareas diarias.

Izquierda: ilustración botánica del siglo XVIII de la planta de coca, del manuscrito peruano *Códice Martínez Compañón*.

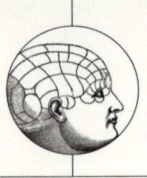

TABACO
Nicotiana tabacum

El tabaco —las hojas secas de la *Nicotiana*, a su vez miembro de la familia de las solanáceas— sigue siendo una de las drogas legales más problemáticas de la historia del mundo. Es sin duda una de las más adictivas, y es probable que sea la planta que ha causado la muerte de más personas.

Hoy en día se fuma la especie *Nicotiana tabacum*, pero se identifica a la *N. rustica*, conocida comúnmente como «tabaco fuerte», como la que tiene un contenido de nicotina mucho más alto que la de cultivo común. (Por ello se cultiva principalmente como materia prima para fabricar pesticidas, en los que la nicotina es un compuesto útil.) Las propiedades del tabaco fueron reconocidas por las autoridades londinenses durante el año de la peste de 1665, cuando se ordenó a los niños fumar en las aulas para protegerse de la mortal enfermedad.

Los pueblos mayas de México y Centroamérica utilizaban el humo del tabaco tanto con fines recreativos como rituales. Sus fuertes efectos somáticos han pasado a formar parte del folclore. Así, en la mitología de los iroqueses, la planta de tabaco brotó de la cabeza de Tekawerahkwa, la Mujer Tierra, después de su muerte. Su deseo era que su cuerpo fuera sustento para los pueblos de la Tierra, y de ella germinaron el maíz, la calabaza, los girasoles, las patatas y el tabaco.

Están documentados los usos mágicos y religiosos de esta planta, pero también se apreciaba su utilidad como ingrediente en cataplasmas para tratar afecciones cutáneas, como forúnculos y llagas, así como para contusiones. Para eliminar los parásitos intestinales estaba indicado beber una decocción de las hojas. Incluso se podía soplar su humo en los oídos para aliviar el dolor intenso provocado por la otitis.

La nicotina, un componente bioactivo, recibe su nombre del latín *Nicotiana*, que a su vez proviene de Jean Nicot, embajador francés en Portugal, país al que fue enviado para negociar un compromiso matrimonial entre dos miembros de la realeza en edad preescolar. Le regalaron una planta de tabaco traída de Florida y la utilizó para curar una llaga en la pierna de un sirviente y una escrófula en un niño. A su regreso a Francia en 1560, hizo llegar muestras de tabaco como obsequio de Portugal a la corte parisina de Catalina de Médici, reina de Francia.

Considerado en aquella época una panacea, las delicias y cualidades del tabaco se popularizaron rápidamente. En la década de 1750, Nicolás Monardes lo incluyó en su libro *Historia medicinal de las cosas que se traen de nuestras Indias Occidentales*. Más tiempo hemos tardado en comprender sus inconvenientes: hoy sabemos que fumar tabaco ha causado millones de muertes, ya sea por cáncer de pulmón u otras enfermedades pulmonares, o por trastornos cardíacos y accidentes cerebrovasculares, incluso cuando el humo se inhala de forma pasiva.

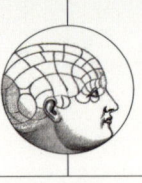

CAFÉ
Coffea

El café se obtiene a partir de los frutos de dos especies de plantas de café,
Coffea arabica y *Coffea canephora* (antes, *C. robusta*). Durante muchos
siglos, el café se consideró demasiado delicioso para ser saludable, pero
hoy en día, más allá de ser la bebida que nos despierta por la mañana,
se sabe que ofrece numerosos beneficios para la salud.

Todo el café es originario de las tierras situadas a ambos lados del golfo de Arabia, Etiopía y Yemen, y en su estado silvestre existen más de cien especies. Para crear una mezcla de café se utilizan diferentes variedades, pero el sabor también depende del grado de tueste. Los expertos en café han empezado a considerar otras especies de café, como *Coffea liberica* y un café silvestre de Sierra Leona llamado *C. stenophylla*. Cuenta la leyenda que un pastor etíope descubrió las propiedades estimulantes del café cuando sus ovejas consumieron los granos, pero las primeras pruebas del consumo de café al estilo actual datan de los santuarios sufíes del siglo XV. Estos místicos musulmanes bebían café para alcanzar un estado espiritual que les permitía permanecer despiertos durante más tiempo durante los rituales religiosos.

Es posible que el café muy fuerte sustituyera al vino, prohibido para los sufíes por el islam, y pronto se empezó a debatir sobre los beneficios medicinales de la nueva bebida. Ya en 1583, unos médicos alemanes que habían visitado Oriente Próximo sugirieron

que era «útil contra numerosas enfermedades, especialmente las del estómago». Sin embargo, hubo que esperar a la aprobación explícita del papa Clemente VIII, en 1600, para que el café fuera aceptado en Europa como práctica cristiana apropiada, ya que muchos críticos lo consideraban una «bebida musulmana», irónicamente en un momento en el que el propio islam acababa de decidir si permitía o no una bebida tan estimulante.

Los nombres de las variedades de café a menudo revelan la historia de su explotación colonial: el Java fue llevado de Etiopía a las Indias Orientales Neerlandesas para ser explotado como cultivo, y el Bourbon, para ser trabajado por esclavos en la isla de Mauricio. En Reino Unido, las cafeterías se convirtieron en populares lugares de reunión de los comerciantes en el siglo XVII, y se asoció tomar café con hacer negocios: aún hoy se considera el café como el combustible que impulsa la economía. Actualmente se conjetura que el café reduce las posibilidades de desarrollar diabetes de tipo 2, párkinson, depresión y otras afecciones de salud, lo que amplía sus propiedades mucho más allá de un simple estímulo energético.

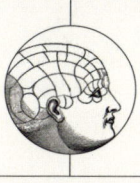

PEYOTE
Lophophora williamsii

El peyote es un pequeño cactus que crece en los matorrales montañosos del norte de México y en lo que hoy es Texas. Su aspecto poco atractivo esconde una potente propiedad psicoactiva, centrada en el compuesto mescalina, que provoca alucinaciones a quien la consume. Sin embargo, sus posibles efectos adversos hacen que siempre se deba tener mucho cuidado si se consume.

El uso religioso del peyote se remonta a cinco mil años atrás. Los arqueólogos han identificado antiguos lugares ceremoniales dedicados al consumo de peyote. En las excavaciones de las cuevas de Shumla, en el río Grande (Texas), se han encontrado rodajas del cactus preparadas para rituales, que datan del año 3780 a.C.

La sociedad huichol (en lo que hoy es México) consideraba el peyote una bendición divina, y las visiones que producía su consumo podían ofrecer orientación para el futuro, sanación y comprensión de los problemas. Los consumidores de peyote pueden experimentar distorsiones visuales coloridas, una sensación de ingravidez y una conciencia y comprensión elevadas. Sin embargo, los efectos secundarios pueden incluir sudoración, náuseas, vómitos y taquicardia. Los huicholes tenían cuatro deidades principales, una de las cuales se llamaba Peyote, lo que indica la alta consideración en que se tenía esta planta. (Las otras deidades eran Maíz, Ciervo Azul y Águila.)

Los apaches que incursionaban en México llevaron consigo peyote al norte, y el cactus se convirtió en el centro de un ritual de sanación, poderoso en una época de genocidio y reasentamientos forzados en reservas a menudo superpobladas y de tribus mixtas, llenas de conflictos. El jefe comanche Quanah Parker defendió la ceremonia del peyote como una forma experiencial de forjar una nueva identidad positiva. Las ceremonias nativas americanas que incluyen el peyote se siguen celebrando hoy en día con el objetivo de sanar a los participantes o permitirles empezar una nueva etapa de su vida.

Sin embargo, cuando llegaron los conquistadores españoles, estos prohibieron el peyote al considerarla la «raíz del diablo». Aun así, su uso persistió, especialmente entre los huicholes, para quienes aún hoy forma parte de la industria turística local. En la década de 1950, escritores de la generación *beat*, como William Burroughs y Allen Ginsberg, consumieron esta droga. Ginsberg escribió que, después de consumirla, se encontró «sonriendo estúpidamente» ante un hermoso cerezo. Luego está el interesante caso de Carlos Castaneda, autor de una docena de libros superventas sobre la tribu yaqui, con la que aprendió los rituales del peyote, que después se demostró que eran falsos.

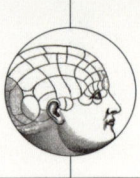

DATURA

Datura wrightii o *D. stramonium*

Las flores de la datura, trompetas colgantes que se encuentran entre las más elegantes y llamativas del mundo vegetal, también dan pistas sobre la seductora naturaleza terapéutica de esta planta. Puede resultar venenosa si se emplea con descuido.

Las semillas de datura se han considerado durante mucho tiempo analgésicas. Una de sus primeras aplicaciones fue para drogar a las víctimas de sacrificios humanos en la civilización azteca. Pero, ya desde tiempos remotos, la datura se valoraba como enteógeno consumido para conectar con el mundo espiritual. En sánscrito se llamaba *umatta-virkshaha*, y *umatta* significa «locura», estado que quizá propiciaban las propiedades alucinógenas de la planta, especialmente fuertes en las semillas. Se consideraba que incluso el dios Shiva fumaba datura. Durante las festividades, las ofrendas en los templos incluyen el fruto de la planta, la manzana espinosa. La datura provoca visiones espectaculares, pero sus efectos secundarios son muy desagradables para el organismo, desde vómitos intensos hasta delirios.

Es posible que los primeros europeos en probar la datura fueran unos soldados británicos enviados a sofocar una rebelión en Jamestown (Virginia) en 1676. Pasaron once días en un estado mental de disociación extrema después de probar por error esta especialidad local. En *Historia y estado actual de Virginia* (1705), Robert Beverly escribió: «[...] uno hacía volar una pluma en el aire [...], otro, completamente desnudo, estaba sentado en un rincón como un mono, sonriendo».

La planta puede ser útil en cantidades muy pequeñas: la costumbre era inhalar los vapores de las hojas hervidas para aliviar dolores de cabeza o reumatismo. En concentraciones más altas, la decocción de datura se utilizaba antiguamente para ayudar a quienes se sometían a curas dolorosas pero esenciales, como el reposicionamiento de huesos dislocados. Más adelante se usó para sedar a pacientes psiquiátricos, así como para relajar a los asmáticos que sufrían de espasmos pulmonares.

Antes también se usaba datura para tratar los envenenamientos por herbicidas organofosforados. Y en algunas regiones de Italia, era el antiparasitario más utilizado por pastores y cabreros. Aun así, no se debe subestimar la toxicidad propia de esta planta.

Actualmente se sabe que la eficacia de la datura proviene de un conjunto de sustancias químicas presentes en sus hojas, una de las cuales es la escopolamina, presente en la Buscapina, un medicamento para el mareo. Un uso más trivial, pero igualmente importante, es el de ingrediente para elaborar champú anticaspa.

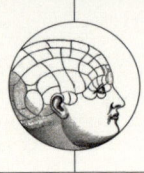

GINKGO
Ginkgo biloba

El *ginkgo* proviene de un árbol considerado «fósil viviente», la única especie que queda de su linaje. En la medicina tradicional china (MTC) se considera que el *ginkgo* abre los canales de energía del cuerpo, conectando los riñones, el hígado y los pulmones. Los estudios actuales se centran en el *ginkgo* como potenciador de la memoria, especialmente a medida que envejecemos.

Por sus distintivas hojas trilobuladas, el *ginkgo* se conoce a veces como «árbol de las patas de pato». Los taxónomos han podido identificar hojas muy similares en rocas fósiles de 170 millones de años de antigüedad, contemporáneas de los dinosaurios. Los árboles pueden vivir durante muchos siglos, y estudios recientes han revelado que una parte importante de su genoma está dedicada a producir defensas químicas contra los ataques de depredadores y microbios.

Hubo un tiempo en que el *ginkgo* estuvo muy extendido por todo el globo, pero se cree que fue desplazado en la mayoría de sus hábitats por los árboles florales a medida que estos evolucionaron. La presencia de *ginkgo*, que es una conífera, se limita ahora a una región de China. Probablemente crece allí debido a la plantación intencionada por parte de monjes, para quienes se ha convertido en un elemento muy asociado a los templos y al culto. Algunos de estos *ginkgos* de los templos tienen miles de años, y se dice que al menos uno fue plantado hace diez mil años. Por ello, este árbol también se asocia significativamente con la longevidad y la resistencia. Se dice que el herborista suizo Alfred Vogel (1902-1996), que viajó por todo el mundo recolectando plantas medicinales,

trajo el primer árbol de *ginkgo* para su cultivo medicinal en Europa.

Las hojas de *ginkgo* contienen diferentes sustancias químicas vegetales activas, algunas con propiedades antioxidantes y otras que pueden mejorar el flujo sanguíneo; esto explicaría por qué algunos estudios han demostrado que podría ayudar en el tratamiento de afecciones como la degeneración macular y el glaucoma. Por esta misma razón, no debe hacerse un uso conjunto de *ginkgo* y anticoagulantes. Por otra parte, se relaciona el extracto de la planta con la lucha contra la pérdida de memoria y con el agudizamiento de la función cerebral, si bien el proceso por el que esto ocurre no se acaba de conocer.

Las adaptaciones biológicas del *ginkgo* a su crecimiento en condiciones sulfurosas lo convierten en un árbol ideal para las calles de las ciudades, y ahora es común verlo en algunas de las capitales más contaminadas del mundo, ya que tolera bien la mala calidad del aire. También fue uno de los pocos árboles (de hecho, uno de los pocos seres vivos) que sobrevivió a la explosión de Hiroshima. Seis árboles que crecían en la zona central se regeneraron y recibieron el título especial de *hibakujumoku*.

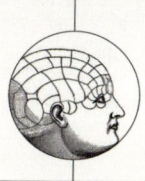

CENTELLA ASIÁTICA
Centella asiatica

La centella asiática, o *gotu kola*, es una planta de la familia de las zanahorias que crece en los suelos lodosos de los humedales, extendiendo sus raíces por el subsuelo y produciendo hojas bastante anodinas en forma de corazón. Durante miles de años se ha utilizado con fines medicinales en la India, Indonesia, Java y China, donde a veces se la denomina «fuente de vida».

En la medicina ayurvédica, la centella asiática se conoce como *mandukaparni*. La planta se menciona en el *Sushruta Samhita*, uno de los textos médicos en sánscrito más antiguos. Se trata de un manuscrito fundamental para el Ayurveda, escrito originalmente hacia el año 1000 a. C., y la versión más antigua que se conserva de este libro fue escrita en hojas de palma en la década de 870 d. C. Este valioso libro sobre plantas y elaborado con ellas se conserva actualmente en la biblioteca nepalí del palacio Kaiser Mahal, un elegante edificio construido en 1895 para un miembro de la familia Rana, Kaiser Shumsher Rana, bibliófilo entusiasta.

El ayurveda recomienda la centella asiática para las varices y otros trastornos del sistema circulatorio inferior, como la insuficiencia venosa. A menudo resulta beneficiosa para curar pequeñas heridas y afecciones de la piel, como el eccema y la psoriasis, posiblemente porque estimula la cicatrización. A menudo se combina con la flor de la caléndula, que también es una planta utilizada para la reparación de tejidos.

En Tailandia se elabora una bebida muy popular, *bai bua bok*, también valorada por su uso medicinal. Se puede administrar en forma de tintura, compresas calientes, caldo o incluso como *ghee* (mantequilla clarificada) infusionado. La hierba seca también se puede añadir a aceite de coco y aplicar en el cuero cabelludo para calmar la mente antes de ir a dormir.

Se cree que la eficacia de la centella asiática se debe principalmente a las potentes saponinas triterpenoides presentes en sus hojas, que tienen cualidades antioxidantes, antiinflamatorias y antimicrobianas. Los herbolarios han sugerido el uso de centella asiática para ayudar al cuerpo a sanar de los efectos de la radioterapia en el curso de un tratamiento contra el cáncer. El ayurveda recomienda *mandukaparni* para la pérdida de memoria o la confusión mental, así como para aumentar la concentración y la memoria. Incluso hay historias de yoguis del Himalaya que la utilizan para ayudar a concentrarse durante estados meditativos.

REMEDIO TRADICIONAL

Infusión de centella asiática

Prepara una infusión con dos cucharadas de centella asiática y dos cucharaditas de hierbaluisa, y endulza a tu gusto (no tome este remedio durante largos periodos ni si se padece alguna enfermedad hepática).

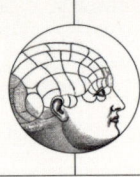

KAWA-KAWA

Piper methysticum

La *kawa-kawa* pertenece a la familia de las piperáceas y es pariente muy cercana de la pimienta negra que usamos en la comida. Sin embargo, la *kawa-kawa* tiene efectos mucho más fuertes y se usa en todo su territorio nativo del océano Pacífico como relajante y sedante, y también para aportar sensación de bienestar intenso. En su forma más potente, hasta puede conducir a estados modificados de conciencia.

Los arqueólogos sugieren que el uso de la *kawa-kawa* comenzó en la cultura lapita, en el Neolítico. Los lapitas migraron hace al menos dos mil años al archipiélago de Bismarck, en Papúa Nueva Guinea, en pequeñas embarcaciones. Probablemente partieran de China y, luego, pasaron a Filipinas. Su cultura material se identifica por una cerámica distintiva, que luego se extendió a las Islas Salomón, Vanuatu, Samoa y Tonga. Es probable que este pueblo navegante domesticara la *Piper wichmannii*, o *kawa-kawa* silvestre, y que el resultado sea la planta ahora utilizada por todo el Pacífico.

Esta planta pertenece a un grupo denominado «plantas de canoa», consideradas tan esenciales por los viajeros que migraban de isla en isla que decidieron aprovechar el poco espacio disponible para llevarlas consigo. Otras plantas de este grupo son el taro, la nuez de la India, la areca, la yaca, la morera del papel, el tamanu, el plátano, el pandano y la patata de Telinga. Todas ellas se propagaron por la región del Pacífico, transportadas de isla en isla en canoas.

Hoy en día existen diferentes variedades de *kawa-kawa*, a menudo asociadas a diferentes islas del Pacífico. Por ejemplo, la *kawa-kawa* de las Islas Salomón se considera muy soporífera y eficaz como ayuda natural para conciliar el sueño. En Fiyi, el origen de la planta cuenta con un relato mitológico: Degei, el dios serpiente, la ofreció a los primeros seres humanos después de que estos nacieran de los huevos de un halcón.

Johann Forster, naturalista que viajó con el capitán Cook en la segunda expedición en busca de Australia, asignó el taxón a la *kawa-kawa*: *Piper methysticum*. El género proviene del nombre latín para la «pimienta» y la palabra griega para indicar «intoxicante». Sin embargo, las plantas de *kawa-kawa* no producen semillas y, por lo tanto, la especie no existe en estado silvestre; por lo que todas se cultivan. Las gentes del Pacífico Sur preparan una bebida a base de una pasta hecha con la raíz de *kawa-kawa* que luego mezclan con agua o leche de coco. También se puede convertir en polvo o comprimidos.

Aunque los primeros estudios describían la *kawa-kawa* como estupefaciente, investigaciones recientes realizadas en sociedades que la consumen tienden a clasificarla más bien como estimulante suave y una sustancia que facilita la conversación lúcida. Sin embargo, sigue siendo una bebida con un fuerte componente de género: las mujeres la mezclan y preparan, y los hombres la beben.

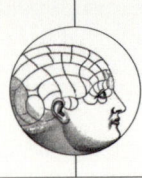

NUEZ MOSCADA
Myristica fragrans

La nuez moscada es la semilla grande y redondeada del árbol de hoja perenne *Myristica fragrans*, o mirística, originario del archipiélago indonesio. Aunque se utiliza para dar un sabor suave y picante a platos dulces y salados, también se ha recomendado como afrodisíaco e incluso como alucinógeno.

La nuez moscada es originaria de las islas Molucas (o islas de las Especias), y su uso temprano se ha señalado en investigaciones arqueológicas en las que se estudiaron vasijas de 3500 años de antigüedad. En un pasado lejano, los comerciantes transportaron la especia a través del océano, primero a la India y luego por el golfo de Arabia hasta Constantinopla. Gente astuta de mentalidad negociante mantuvo en secreto la ubicación de los bosques de místicas en la isla de Run, una de las más pequeñas de las Molucas, con el fin de acaparar el mercado.

Sin embargo, Europa acabó imponiéndose. Los portugueses y, posteriormente, la Compañía Neerlandesa de las Indias Orientales tomaron el control del archipiélago, cediendo brevemente ante los británicos durante las guerras napoleónicas. Los ingleses aprovecharon la oportunidad para trasplantar los árboles a otros enclaves coloniales, desde Sri Lanka hasta Singapur y las Indias Occidentales Británicas, donde la nuez moscada aparece ahora en la bandera nacional de Granada. (Los británicos acabaron devolviendo las islas de las Especias a los holandeses a cambio de Nueva Ámsterdam, que rebautizaron como «Nueva York».)

El característico perfume dulce de la nuez moscada se puede destilar para obtener un aceite esencial que se añade a perfumes, platos y productos farmacéuticos. Los herbolarios locales consideran que mejora la digestión, ayuda a tratar las afecciones de la piel e incluso alivia el dolor articular. Consumida con la comida no tiene ningún efecto neurológico, pero uno de los componentes distintivos de la nuez moscada es la miristicina, que se vuelve alucinógena cuando se consume en cantidad y que también es una toxina.

Esta sustancia psicoactiva afecta a los mensajes entre las células nerviosas. En el cuerpo, la miristicina puede convertirse en otros compuestos similares al MDMA (éxtasis). En grandes cantidades, la nuez moscada puede provocar convulsiones, palpitaciones e incluso psicosis. Hay quienes han tomado nuez moscada con la esperanza de tener experiencias alucinógenas de forma asequible, y los casos de intoxicación suelen darse entre adolescentes. Un caso reciente fue el de un estudiante que estaba de viaje en Londres y que bebió una gran dosis. Describió la sensación como «estar dentro de una caja sorpresa, queriendo salir».

En inglés, la nuez moscada de menor calidad se llama BWP (por *broken, wormy and punky*), que significa, por raro que parezca, «inservible, llena de gusanos y rancia».

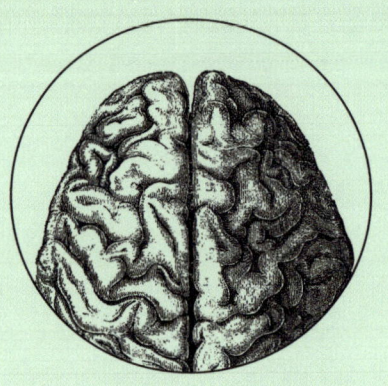

CAPÍTULO 4

TEMPLAR
EL ALMA

El ser humano siempre ha vivido con miedo: al enemigo, al hambre, a las enfermedades, a las lesiones, a la muerte o, sencillamente, a lo desconocido.

Para algunas personas, este miedo resulta abrumador, les impide conciliar el sueño, les dificulta comer o concentrarse y, a veces, les impide funcionar. La mente vuelve una y otra vez a lo que le preocupa, entrando en una espiral fuera de control.

El mundo vegetal ofrece una gama de remedios suaves que pueden actuar sobre el cerebro de forma natural, ralentizando el ciclo de los pensamientos y apaciguando la mente. La medicina aún no comprende exactamente cómo funcionan muchos remedios usados desde tiempos inmemoriales. Así, a pesar de que las pruebas sobre su eficacia son escasas, se cree que la infusión de manzanilla, elaborada con flores parecidas a las margaritas, ayuda a conciliar el sueño.

La menta es otra planta muy empleada para combatir la ansiedad. Algunas plantas aromáticas pueden afectar la actividad cerebral, ya que ciertos compuestos fragantes son capaces de atravesar la barrera hematoencefálica. Así, los aromaterapeutas utilizan la menta para calmar y aliviar la ansiedad, así como para aumentar el estado de alerta y la concentración en el presente. Quizá ambas cosas estén relacionadas, ya que el paciente es capaz de estar más atento y vivir el «ahora» en lugar de darle vueltas a sus propias preocupaciones, un desagradable proceso llamado *rumiación*. La esclarea, el limón y el jazmín son otras plantas utilizadas para lograr una sensación de sosiego. Las plantas secas también pueden templar el alma: el incienso de los árboles de sándalo o la bergamota tienen un claro efecto sobre el bienestar. El sándalo es una de las maderas más caras del mundo debido a su delicada

fragancia, base de muchas formas diferentes de incienso. Su nombre deriva del término sánscrito *chandana*, que también está re-

Arriba: hipérico *(Hypericum perforatum)*, una hierba medicinal común para tratar la depresión; ilustración de una edición del siglo XVII del herbario de Adam Lonicer *Kräuterbuch*.
Derecha: en plena naturaleza, un ángel metido en un gran frasco sostiene un reloj de arena, anunciando una poción calmante.

Remede a bien des maux.

lacionado con el latín *candere*, que significa «brillar» y da origen a la palabra *candela*. De hecho, la planta en sí es semiparásita y pertenece a la misma familia que el muérdago.

También existen remedios vegetales más potentes. Por ejemplo, el hipérico es un remedio para la depresión, y, al parecer, en Alemania se receta más que los antidepresivos convencionales. Fue reconocido por la mayoría de los autores más antiguos que escribieron sobre hierbas, desde Hipócrates en Grecia hasta Galeno, Dioscórides y Plinio el Viejo en el Imperio romano. Florece en verano, alrededor del 24 de junio, día de San Juan, y por ello recibe también el nombre de hierba de San Juan. Los curanderos cheroquis de Norteamérica la recetaban para las mordeduras de serpiente, como medicina para la tos, para regular el ciclo menstrual y para las enfermedades de transmisión sexual.

Aún no comprendemos completamente los mecanismos por los que las plantas pueden sosegar la mente; en varios casos, las sustancias químicas de la planta afectan a la transmisión o la cantidad de neurotransmisores. Por ejemplo, pueden cambiar la acción de uno de los mensajeros químicos del cuerpo en el cerebro, el ácido gamma-aminobutírico (GABA). Esto tiene el efecto de reducir la ansiedad, ya que el cerebro, simplemente, no interioriza los mismos niveles de preocupación. Otras plantas pueden reducir el nivel de la hormona del estrés cortisol, lo que puede resultar beneficioso a corto plazo e influir en el riesgo de padecer afecciones como la fatiga suprarrenal.

Sin embargo, no es necesario consumir plantas para calmar nuestra mente inquieta. Estudios recientes confirman lo que muchos de nosotros siempre hemos sabido: pasar tiempo en un jardín reduce la presión arterial y mejora la salud mental y el estado de ánimo. Se ha observado que la terapia hortícola beneficia a las personas que sufren trastorno de estrés postraumático e incluso a las que han sido sometidas a torturas. Esto es igualmente cierto para quienes cuidan plantas de interior. Estas pueden ayudarnos al proporcionarnos una relación afectiva en la que podemos disfrutar viéndolas crecer.

Además, hay indicios de que, al purificar el aire de nuestro entorno y reducir los niveles de dióxido de carbono, las plantas nos ayudan a concentrarnos mejor. Los gobiernos coinciden en general en que los niveles de dióxido de carbono en los lugares de trabajo no deben superar las 1000 partes por millón (ppm). Las pruebas demuestran que las plantas pueden reducir el dióxido de carbono desde niveles muy superiores a esos hasta niveles muy inferiores en menos de una hora. Las cintas *(Chlorophytum comosum)* son una opción especialmente conveniente y económica para esta beneficiosa purificación del aire.

Estudios recientes también revelan que ciertas plantas domésticas —las que crecen de forma silvestre en regiones cálidas y necesitan conservar el agua durante el día— han desarrollado un metabolismo particular, llamado CAM, por el cual no emiten el dióxido de carbono habitual durante la noche, sino oxígeno. Por ejemplo, la *Dracaena trifasciata* y el árbol de jade *(Crassula ovata)* viven gracias a esta vía CAM, emitiendo oxígeno puro durante toda la noche, lo que las convierte en plantas perfectas para el dormitorio.

Derecha: ilustraciones del cerebro que muestran el perfil derecho con los nervios glosofaríngeo y vago y, a la derecha, la base; nuestra comprensión de cómo las plantas pueden templar la mente está en desarrollo constante.

DE HVMANI CORPORIS FABRICA LIBER III. 319

DVARVM FIGV-

RARVM QVAE NOVEM
modò subsequentibus Capitibus
communes censentur, altera, quæ
dextrum latus proponit integri ce
rebri ac cerebelli, et dictæ in prio
ri figura dorsalis medullæ partis,
dura interim tenuiísq; hæc omnia
inuestiétibus membranis, nusquam
apparentibus. Adhæc præsens fi
gura nudam septem cerebri ner-
uorum partiü seriem in dextro tan
tum latere commonstrat. quan-
quam & ubi necessum fuit, neruo-
rum quorundam seriem etiam in si
nistro latere hic delineauerimus.
Figuræ huius proportio in ea de-
picta est magnitudine, in qua cor-
pus circumscriberes, cuius uesica
in infima præsentis figuræ sede
consisteret, & cuius thorax &
abdomen ex anteriori parte con-
spicerentur, facies ueró uersus si
nistrum humerum conuersa pror
sus ex dextro latere spe-
ctaretur.

CHARA·

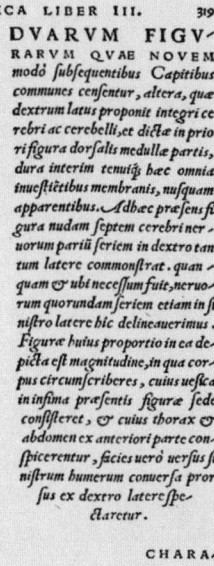

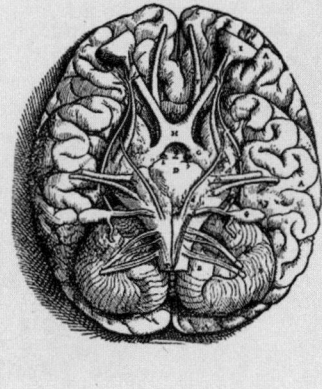

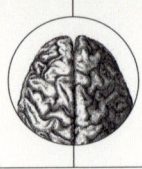

VALERIANA
Valeriana officinalis

La valeriana se distingue por ser una elegante planta con flores de color rosa rojizo o, menos comúnmente, blancas, que exhibe su adaptabilidad ecológica echando raíces cómodamente en muros de ladrillo y setos en sus regiones nativas de Europa, Asia y América del Norte. Se utiliza como relajante para tratar el insomnio y es un remedio tranquilizante para el estrés y la ansiedad.

La parte de la planta que se utiliza con fines medicinales es la raíz. Sin embargo, esta desprende un olor muy fuerte, por lo que, cuando se utiliza como remedio, se mezcla a menudo con otras plantas como el lúpulo o la melisa, que enmascaran su olor. Ya antes de la época romana se conocía la valeriana como tratamiento para ayudar a dormir. Era un ingrediente habitual en los herbarios de la época, y también lo mencionó Hipócrates.

Los efectos calmantes de la valeriana fueron reconocidos en la primera enciclopedia médica de Europa occidental: la *Farmacopea de Lorsch*, originalmente escrita en vitela a principios del siglo IX en el monasterio benedictino del que toma su nombre, en Alemania, cerca de la frontera con Estrasburgo. El libro, que contiene unas 482 recetas para diversas dolencias, marca un punto de inflexión en la historia del cristianismo, ya que desde entonces empezó a considerarse la prestación de asistencia médica como parte de la misión cristiana en las comunidades. En el siglo XII, la valeriana también fue mencionada como ayuda para dormir por la abadesa Hildegarda de Bingen, la primera escritora botánica conocida.

En la tradición popular inglesa, se la llamaba *all-healzzz* («que todo lo sana»), lo que da una idea de su reputación. En el siglo XVI, el herborista londinense John Gerard afirmaba que era «excelente para los afectados de laringitis». El profesor de botánica de Darwin, John Henslow (1796-1861), cita una curiosa receta del siglo XIV, cuya traducción es la siguiente: «A los hombres que empiezan a pelear y quieres detener, dales jugo de amantilla (es decir, valeriana) y la paz se hará inmediatamente». Incluso durante la Segunda Guerra Mundial, los que sufrían de ansiedad durante los bombardeos aéreos tomaban valeriana.

La eficacia de la valeriana ha sido difícil de demostrar en ensayos científicos, pero, en Alemania, esta planta está reconocida como «sedante suave eficaz» y se recomienda a quienes la toman que informen al anestesista antes de someterse a una intervención quirúrgica. La valeriana también se conoce a veces como «hierba de los gatos» porque tiene cualidades atractivas similares a la hierba gatera. También se ha utilizado como sedante para perros durante transportes, cuando van al veterinario o cuando sufren cualquier tipo de estrés. Se dice que también funciona con las ratas y que el flautista de Hamelín empleó valeriana para hechizar tanto a las ratas como a los niños de la ciudad.

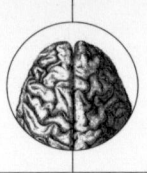

LÚPULO

Humulus lupulus

El lúpulo es el cono o flor femenina seca de la planta trepadora *Humulus lupulus*. El epíteto latino *lupulus* hace referencia a las cualidades lobunas o prepadoras de esta enredadera, que envuelve todo lo que crece a su alrededor. El lúpulo también se utiliza como remedio herbal, especialmente como suplemento tranquilizante y relajante.

El primer registro histórico del lúpulo es la mención del huerto de un cervecero en el testamento del rey de los francos y padre de Carlomagno, Pipino el Breve, fallecido el año 768. Las diferentes variedades de la planta tienen aromas con carácter y se añaden para dar un sabor distintivo a la cerveza. El lúpulo también contribuye a que la cerveza no se estropee, probablemente porque tiene propiedades antimicrobianas. En siglos más recientes, los recolectores de lúpulo solían desplazarse para realizar trabajos estacionales. Así, durante el verano, algunos trabajadores urbanos de Londres o París laboraban un mes en el campo.

Los usos medicinales del lúpulo eran quizá menos evidentes, pero, en 1562, William Turner escribió en su herbario que le sorprendía que los médicos no «lo utilizaran con mayor frecuencia en medicina». El lúpulo estaba especialmente indicado para quienes padecían lo que el herborista Peter Holmes denominaba «insomnio de tipo caliente», en el que el individuo no deja de dar vueltas en la cama, inquieto, en lugar de estar sencillamente despierto. Una almohada rellena de lúpulo es una recomendación suave y a largo plazo para quienes padecen este tipo de trastorno del sueño. Los componentes más importantes del lúpulo son compuestos similares al estrógeno, lo que podría explicar por qué la medicina popular alemana recetaba baños de lúpulo a las mujeres que sufrían sofocos durante la menopausia.

El ser humano ha usado el lúpulo durante tanto tiempo que su origen geográfico no está claro, aunque se sospecha que es América del Norte. El pueblo originario de los cheroquis utilizaba el lúpulo como sedante, al igual que los dakotas. También se utilizaba en la medicina ayurvédica y en la medicina tradicional china para eliminar el «frío y la humedad» del cuerpo. Sin embargo, Hildegarda de Bingen escribió que no recomendaba el lúpulo para la tristeza, ya que aumentaba la melancolía.

Se ha sugerido que el lúpulo estimula la producción de GABA, el neurotransmisor que inhibe cierta actividad cerebral, lo que podría explicar sus efectos calmantes. Por esta razón, no se recomienda tomar suplementos de lúpulo antes de recibir anestesia. Existen bebidas de lúpulo sin alcohol, como el *julmust* que se toma en Suecia durante Navidad, del que se consumen unos 50 millones de litros durante el mes de diciembre, y que sustituye a la Coca-Cola en los restaurantes suecos de McDonald's.

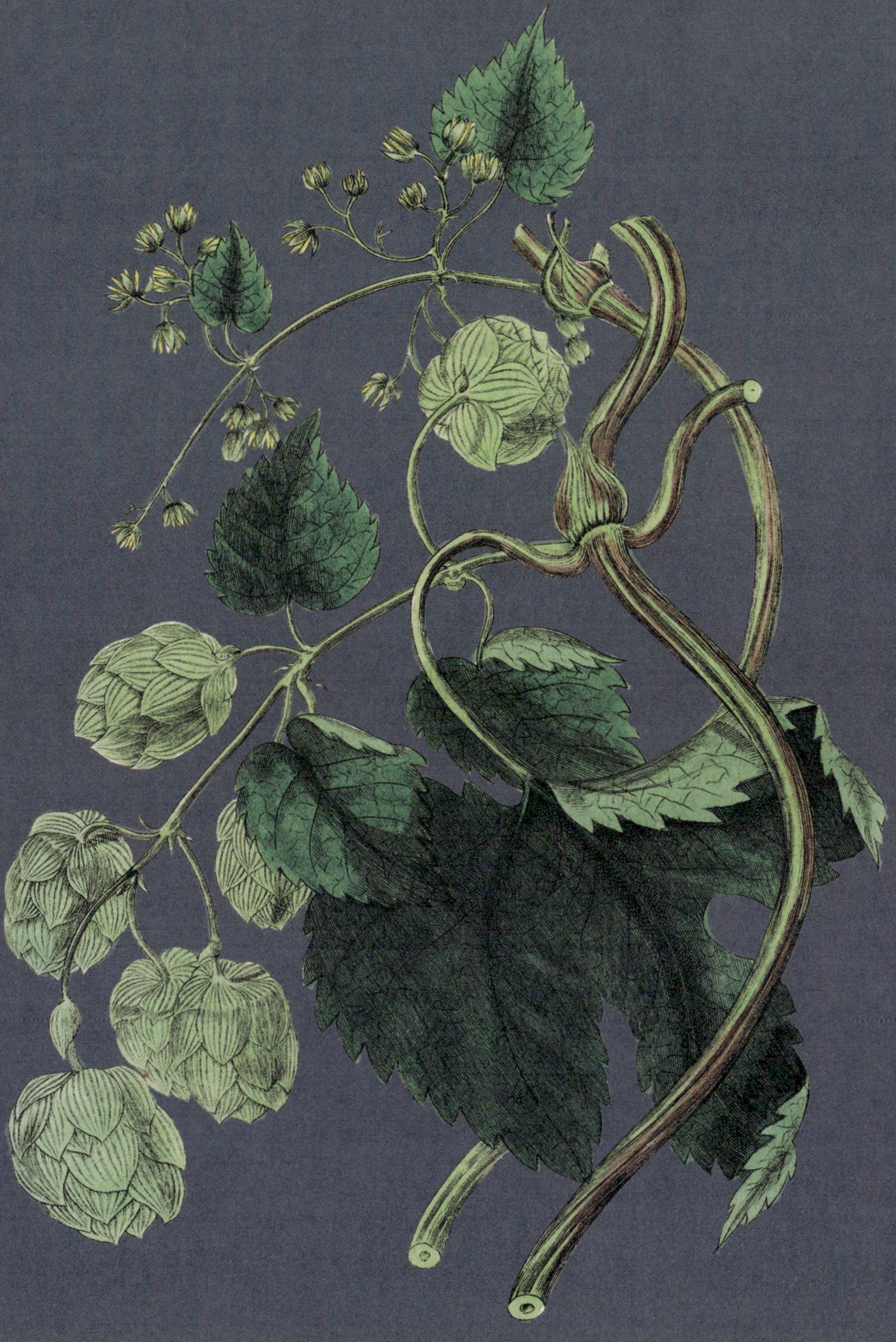

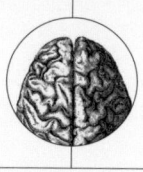

AZUFAIFO

Ziziphus jujuba

La medicina tradiconal china (MTC) usa el azufaifo (o jinjolero) desde hace miles de años. Este pequeño árbol produce flores estrelladas de color verde pálido. Los frutos se llaman azufaifas (o jínjoles), y, una vez maduros, son muy ricos en nutrientes y tienen un sabor dulce similar al de las manzanas crudas; sin embargo, al secarse saben más a dátiles (se los denomina dátiles rojos chinos). Se cree que mejoran la calidad del sueño, reducen el estrés y aumentan los niveles de energía.

Los azufaifos pertenecen a la familia de los espinos, y sus frutos son ricos en vitamina C. Desde hace mucho tiempo se les atribuye la propiedad de calmar el desasosiego y los trastornos mentales. En la cultura del sur de Asia se considera el azufaifo el «árbol que quita la pena», sagrado para el dios Shiva, símbolo de la destrucción y la transformación. Los frutos se toman especialmente durante *Maha Shivaratri,* solemne festival hindú que dura toda la noche y celebra el triunfo sobre la oscuridad.

Su fruto, la azufaifa, contienen altos niveles de antioxidantes, útiles para reducir el estrés oxidativo y la inflamación. Muchos herboristas las han utilizado, especialmente en la MTC, para tratar diversas dolencias. La MTC suele combinar una planta con otras para elaborar tónicos compuestos, y la azufaifa aparece a menudo de esta manera, para moderar y aunar los ingredientes. La azufaifa se suele mezclar con *gan cao (Glycyrrhiza uralensis)*, un regaliz chino que se considera que tiene propiedades antiespasmódicas y que a menudo se recomienda para las molestias estomacales.

Ya conocido por la ciencia en el siglo XVIII gracias a naturalistas europeos como Linneo, la azufaifa, o jínjol, es un fruto sabroso, y, en muchos lugares, desde Croacia hasta Marruecos y la India, forma parte de un amplio abanico de exquisiteces locales. Una de las variedades chinas más populares se llama «delicia de invierno». En Vietnam, es tradicional comer azufaifas ahumadas, llamadas azufaifas negras. Por otro lado, la madera del árbol tiene una densidad particular que se presta maravillosamente a la transmisión de sonido y, por ende, a la fabricación de instrumentos musicales.

El azufaifo es pariente cercano de la espina santa *(Ziziphus spina-christi)*, árbol mencionado en el Corán y que se dice que rodea el paraíso y marca el límite donde termina el conocimiento de los ángeles. La espina santa crece de forma silvestre en las montañas al sur de Jerusalén, y hay quien cree que proporcionó el material para hacer la corona de espinas que llevó Cristo antes de la crucifixión, de ahí su nombre en latín. En Irak se cree que un azufaifo anciano todavía vivo es el verdadero árbol del conocimiento del bien y del mal mencionado en el Génesis.

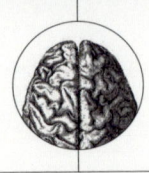

BARDANA
Arctium

La bardana (o lampazo) es una planta de aspecto característico, cuyas cabezas de semillas presentan ganchos que se adhieren a la ropa o a los animales al pasar, lo cual ayuda a distribuir sus semillas. Se cultiva en huertos por sus raíces comestibles, y es nativa de la zona templada que se extiende por toda Europa, África y Asia. La bardana se utiliza tradicionalmente para tratar la tos y la fiebre, así como para reducir la retención de líquidos. También está indicada para calmar y estabilizar la psique en momentos de estrés.

Los ganchos de la bardana tienen la curiosa particularidad de haber inspirado la invención del «cierre de gancho y bucle» en la confección de prendas de vestir. Fue el ingeniero suizo George de Mestral quien observó con lupa las semillas que había quitado del pelaje de su perro, y comenzó a pensar en cómo se podría cerrar una prenda de tela con ganchos y bucles a escala miniatura —como las semillas— y finalmente inventó lo que se convirtió en la marca registrada Velcro en 1955.

Las semillas maduras secas del interior de los ganchos pegajosos son las empleadas por sus propiedades medicinales. Los herbolarios recetan la bardana para aliviar la tos fuerte y bajar la fiebre. Con cantidades cuantificables de antioxidantes y muy rica en nutrientes, puede ayudar a reducir el daño de los radicales libres en células humanas. En la medicina tradicional china (MTC) se recomienda para refrescar y templar un cuerpo agitado. La infusión de bardana se utiliza a menudo para calmar las afecciones de la piel y reducir la carga que la vida moderna supone para el organismo.

La bardana está en su mejor momento en otoño y principios de invierno, y esta planta comestible se ha asociado con los *osechi*, alimentos obsequiados en Año Nuevo en Japón. Cada prefectura tiene sus variedades preferidas, pero la *takinogawa*, una variedad tardía, es especialmente popular. En Gran Bretaña, la raíz de la planta es un ingrediente del *dandelion and burdock*, un refresco de orígenes muy anteriores a la Coca-Cola y que es una buena fuente de calcio y ácido fólico.

En Europa, las raíces largas y rectas se interpretaban como signo de que la planta ayudaba a mantener el rumbo en tiempos difíciles. Por ello, se incluía a menudo en recetas para protegerse de lo maligno. Incluso se colocaban trozos de bardana alrededor de puertas y ventanas para evitar que entraran los malos espíritus. Y en South Queensferry, cerca de Edimburgo, todavía se celebra el Ferry Fair Festival, en el que un hombre se cubre de ganchos de bardanas para convertirse en el Burry Man y recorrer la ciudad para atraer el mal sobre sí mismo y protegerla así en los doce meses siguientes.

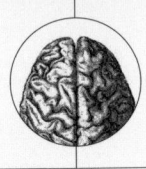

AGRIMONIA
Agrimonia eupatoria

A la agrimonia, una alta espiga estival de flores amarillas, también se la llama hierba de san Guillermo. En la Inglaterra medieval, un uso curioso de esta planta era colocar una guirnalda de agrimonia sobre la cabecera de la cama o bajo la almohada para combatir el insomnio. Se creía que solo despertarían tras retirar las flores.

El nombre botánico de la agrimonia, *Agrimonia eupatoria*, hace referencia al rey Mitrídates VI, uno de los primeros de la República romana en expansión. Tras el asesinato de su padre por envenenamiento, Mitrídates comenzó a sospechar que su madre le estaba haciendo lo mismo, por lo que decidió adquirir inmunidad a sustancias tóxicas ingiriendo todos los días pequeñas cantidades. Esta arriesgada (y desaconsejable) técnica acabó conociéndose como «mitridatismo». Tuvo un final irónico: cuando se enfrentó a su propia muerte, tras la derrota ante los romanos, Mitrídates intentó envenenarse y descubrió que se había vuelto inmune.

La agrimonia se ha considerado medicinal desde los tiempos de Plinio el Viejo en época romana, quien la denominó «hierba de grandes poderes». Sus semillas pegajosas le valieron sobrenombres como el de «amores», debido a que se adhieren a los caminantes al pasar. La planta se llevaba a los campos de batalla anglosajones para intentar detener hemorragias, y esa creencia se mantuvo hasta bien entrada la era de las armas de fuego, cuando se consideraba un buen tratamiento para las heridas de mosquete. La agrimonia se hervía junto con otras plantas aromáticas, como el romero,

para obtener un líquido llamado «agua de arcabuzada», que se aplicaba a las heridas profundas causadas por los proyectiles.

Actualmente, hay quienes consideran estas aguas un tratamiento eficaz para afecciones cutáneas como la psoriasis. La agrimonia también sigue siendo popular entre los herboristas para tratar llagas, y aparece en los herbarios como ingrediente de una pomada grasa que puede ayudar a curar las heridas de la piel. También se ha utilizado como remedio tradicional para el malestar estomacal. Así, en Alemania es conocida por estimular la producción de ácido gástrico y regular el funcionamiento del hígado y la vesícula biliar, y se toma como tónico para proteger esos órganos. También la utilizan a menudo cantantes y oradores públicos para hacer gárgaras que alivian el dolor de garganta o relajan y tonifican los músculos vocales.

Un detalle peculiar es que, según la sabiduría popular, se creía que la flor repelía el hechizo de una bruja y lo devolvía a ella misma. En los registros de un juicio a una bruja en la Escocia del siglo XVIII, se menciona la agrimonia como cura para los afectados por la brujería, a quienes se describía como «afligidos por los duendes».

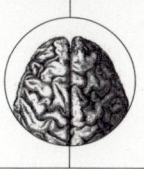

SEDA

Albizia julibrissin

El *Albizia julibrissin*, o árbol de la seda, está cubierto de flores rosadas plumosas que flotan sobre sus delicadas hojas gris verdosas. Es miembro de la familia de las mimosas y originario del sureste asiático. En China se lo denomina *he huan pi* («corteza de la felicidad colectiva»). Se ha utilizado tradicionalmente para tratar la ansiedad, la depresión y el insomnio, especialmente cuando se deben a sentimientos no expresados.

Las propiedades de la corteza del árbol de la seda se conocen desde los inicios de la medicina ayurvédica y taoísta. Este árbol proviene de Persia, y *julibrissin* es una embrollada versión latina de la expresión persa *gul-i abrisham*, que significa «flor de seda». Famoso por cerrar sus hojas por la noche o cuando llueve, en el Irán moderno se lo conoce como *shabkhosb*, «dormilón nocturno». Es muy apreciado sobre todo para tratar los trastornos mentales, en los que la ansiedad puede provocar rumiaciones diurnas e insomnio nocturno, pérdida de interés por la vida cotidiana y sentimientos de baja autoestima.

En la medicina taoísta, el *Albizia julibrissin* se considera estabilizador del *shen*, que se asocia a la vida emocional y contemplativa del corazón humano. En los sistemas médicos chinos, un desequilibrio en el *shen* puede manifestarse como sobreexcitación e incluso desconexión de la realidad, con síntomas físicos como taquicardia y trastornos del sueño.

El árbol de la seda es muy apreciado en las comunidades chinas como remedio para dormir bien por la noche. La medicina siempre busca posibles tratamientos para el insomnio a base de plantas con la esperanza de evitar los fármacos occidentales que pueden crear adicción. Además, los herboristas quieren prevenir efectos secundarios consecuencia de la falta de sueño, como los problemas de memoria o la seguridad al volante.

Los herboristas chinos afirman que un problema con el *shen* puede manifestarse como desánimo e incluso desesperación. Desde su perspectiva, el flujo de energía, o *qi*, puede verse obstaculizado por emociones no expresadas, tales como la ira y la frustración. En sus recetas hacen claras distinciones: la corteza del árbol de la seda se prescribe cuando el paciente necesita calmarse; las flores, cuando necesita animarse.

Últimamente, el *Albizia julibrissin* se ha estudiado para tratar el deterioro de la memoria asociado al envejecimiento y también a dificultades adicionales relacionadas con la demencia, como el alzhéimer. Los estudios iniciales sugieren que quienes utilizan preparados a base de hierbas para el descanso tienen un riesgo ligeramente menor de padecer demencia. Sería deseable que la corteza del árbol de la seda pudiera ofrecer cierta protección contra estos riesgos.

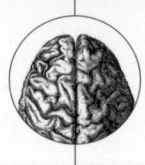

FLOR DE LA PASIÓN

Passiflora caerulea

La flor de la pasión, originaria de América, se cultiva actualmente en todo el mundo por sus llamativas flores. Además de producir extraordinarios brotes estrellados y de colores intensos (y, algunas especies, frutos deliciosos), la flor de la pasión es recetada por los herboristas para tratar la ansiedad y tensión asociadas a la vida cotidiana, y también como terapia a largo plazo para las personas con neurodivergencia.

Los antiguos pueblos de América Central fueron los primeros en reconocer las propiedades calmantes y relajantes de la flor de la pasión. El género es muy amplio, con más de 500 especies, muchas de las cuales producen las características flores y casi todas son originarias del Nuevo Mundo. Hoy en día se sabe que muchas de estas especies contienen compuestos llamados alcaloides harmala.

Las evidencias arqueológicas anteriores a la colonización europea apuntan a que los pueblos originarios de América del Norte ya recolectaban la flor de la pasión. Cuando llegaron los colonizadores, estos observaron el uso que los nativos americanos hacían de las flores: el pueblo houma elaboraba un tónico con la planta, y el cheroqui, una infusión que actuaba como sedante suave, una práctica que acabó extendiéndose desde Baja California por todo el continente hasta llegar al pueblo creek de Florida.

En Brasil y, luego, en Mauricio, la flor de la pasión sudamericana fue muy utilizada por los herboristas. La *P. caerulea* se conoce como *mburucuyá* en guaraní, la lengua indígena más hablada de América del Sur. Sus frutos se usaban crudos como digestivo y, más adelante, deshidratados como remedio para inducir el sueño. También se tomaba en forma de fuerte infusión para expulsar parásitos internos. Sin embargo, se sabe que los frutos y hojas crudos contienen sustancias químicas que producen cianuro al reaccionar con las enzimas de la saliva.

Fueron los colonizadores europeos quienes bautizaron el género como *Passiflora*, haciendo referencia a la Pasión de Cristo e identificando todas las partes de la flor con elementos de la crucifixión, como los fieles apóstoles (diez pétalos y sépalos) y la corona de espinas (la corona). En Japón, su nombre común es «flor del reloj».

Con el tiempo, la flor de la pasión incluso se añadiría al Formulario Nacional de los Estados Unidos (1916-1936) como medicamento reconocido para tratar el insomnio. Los nativos americanos combinaban la *P. incarnata*, que se usa para esta afección, con la mimosa de la pradera (*Desmanthus illinoensis*). Con ambas hacían una decocción ritual chamánica que produce alucinaciones reveladoras, de forma muy similar a la ayahuasca (pp. 64-65).

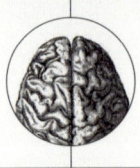

MARIHUANA

Cannabis sativa

La marihuana, mencionada por primera vez en la India en el Atharva Veda, en *c.* 2000 a.C., fue descrita como una de las cinco plantas sagradas «para liberarnos de la ansiedad». Hace tanto tiempo que fue domesticada que sus orígenes silvestres son difíciles de discernir. Sin embargo, sí sabemos que los cannabinoides presentes en sus hojas, de potente efecto en los seres humanos, los desarrollaron las plantas originalmente para defenderse de los animales que se las comían.

El consumo de cannabis evolucionó al mismo tiempo que la sociedad humana. Las primeras evidencias de su uso se han encontrado en la meseta del Pamir, en Xinjiang (China), donde se han hallado cuencos funerarios de madera de 2500 años de antigüedad que contenían restos de la resina de la planta. En 1993, en Siberia, en un túmulo funerario se halló el cuerpo de una mujer de 2500 años de antigüedad (la llamada «princesa de Altai»), que presentaba delineador de ojos, un tocado decorado con gatos y un tatuaje de un ciervo saltando; apenas tenía veintitantos años cuando murió de cáncer de mama: es posible que la bolsita de cannabis que llevaba consigo le ayudara a aliviar el dolor.

Heródoto describió cómo los escitas utilizaban la marihuana en ceremonias, inhalándola dentro de tiendas acondicionadas. Se ha encontrado polen de cannabis en la tumba del faraón Ramsés II, fallecido hacia 1213 a.C. Asimismo, la planta aparece mencionada en papiros médicos de la época.

Las propiedades de la marihuana están implícitas en los nombres chinos de la planta, que incluyen la sugerencia de «entumecimiento» e «insensibilidad». Estos atributos se reconocieron como útiles desde muy temprano en la historia de China, y el cirujano Hua Tuo (*c.* 140-208) mezclaba cannabis con vino para utilizarlo como anestésico.

Sin embargo, los herboristas pronto observaron los inconvenientes del consumo de marihuana. El *Shennong Ben Cao Jing*, de hacia 200 a.C., afirmaba que, en exceso, «hace que la gente vea demonios y se comporte como un maníaco». En Asia central, las prácticas chamánicas locales incluían el uso del cannabis como sustancia psicoactiva para contactar con otros reinos. Esto también ocurría en China, donde los taoístas decían, de forma bastante evocadora, que los nigromantes podían utilizar la marihuana para viajar al futuro y conocerlo.

En el siglo XIX, el consumo de cannabis se había extendido por todo el mundo. Era popular en muchos países africanos para tratar diversas enfermedades, como el delirio y el cólera. Y en Gran Bretaña se convirtió en uno de los ingredientes secretos de muchos medicamentos patentados en la época victoriana, recomendados para pacientes con afecciones que iban desde la migraña hasta el insomnio.

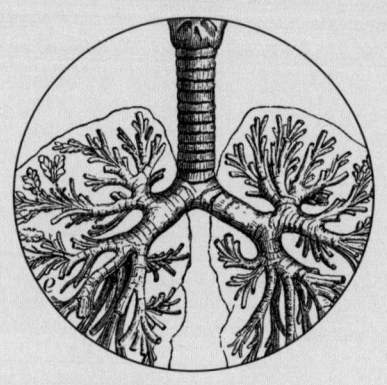

CAPÍTULO 5

RESPIRAR BIEN

Respirar es lo que nuestro cuerpo hace cada minuto de nuestra vida. Incluso cuando dormimos o estamos inconscientes, la respiración es un signo de vida.

En la antigüedad, para ver si alguien seguía con vida se solía sostener un espejo junto a su boca en busca de vaho sobre la superficie plateada. El inicio de largos intervalos entre las inhalaciones siempre se ha considerado un presagio de la muerte. Y en el yoga y otras formas de ejercicio meditativo, «prestar atención a la respiración» tiene un componente casi místico, y sus practicantes aprenden a centrarse en todo lo referente al sistema circulatorio.

Al respirar corremos el riesgo de inhalar microbios, por lo que los pulmones son vulnerables a muchos tipos de enfermedades, desde la gripe hasta la alveolitis. Los apotecarios medievales solían recomendar el marrubio como remedio suave para los resfriados y la tos. A pesar de su poco atractivo nombre, era apreciado por aliviar los espasmos de la tos, aunque no por su sabor amargo. Otro remedio para la tos a base de hierbas, y mucho más apetitoso, era el malvavisco, ya fuera preparado en infusión o en jarabe. En la India, los médicos recetaban *kalonji*, las semillas de *Nigella sativa*, a veces llamada «la hierba del cielo», para tratar la tos y la bronquitis. Los curanderos árabes la llamaban *habbatul barakah*, «la semilla bendecida», pues se dice en el Corán: «La semilla negra contiene una cura para cada enfermedad, pero no contra la muerte».

Cuando la respiración se ve restringida, por una enfermedad, alergia o dolencia crónica, resulta muy molesto. Hoy, las enfermedades pulmonares se ven agravadas por ciertos hábitos modernos y por la contaminación, pero siempre han existido, y los médicos de la antigüedad buscaban aliviar a quienes las padecían. Las primeras menciones del asma, definida como un silbido audible al respirar, se encuentran en textos chinos de hace unos cinco o seis mil años. Ya en 1792 a.C., el Código de Hammurabi habla de la dificultad para respirar en pacientes de la antigua Babilonia. Y fue Hipócrates, hacia 460 a.C., quien utilizó por primera vez el término *asma*, procedente de la palabra griega *aazein*, que significa «jadeo». Hipócrates observó por primera vez que la dificultad respiratoria parecía estar provocada por factores ambientales, pero también emocionales.

Más tarde, los médicos romanos también relacionaron los problemas de asma con la actividad física intensa. En 50 d.C., Plinio el Viejo observó que el polen podía empeorar la respiración, por lo que los romanos recetaban efedra, un arbusto verde espinoso, disuelta en vino. Los aztecas también tomaban efedra para aliviar el resfriado con mucosidad y la tos húmeda. Los incas incluso tomaban hojas de coca para curar lo que hoy consideramos asma. En 1200, el erudito y médico judío Maimónides recomendaba una receta mucho más sensata: mantenerse hidratado y tomar caldo de pollo.

En Nueva Zelanda, las atractivas flores amarillas y peludas del arbusto *Pomaderris kumeraho* se usan para expectorar la mu-

Derecha: grabado del siglo XVII que ilustra pulmones, tráquea y tiroides; desde el principio de los tiempos se han buscado remedios a base de plantas, como la *Nigella sativa* o la menta, para facilitar la respiración.

Dos páginas siguientes: anuncio de «Bola de humo carbólico», *c.* 1891, un supuesto remedio para las enfermedades respiratorias comunes; la empresa se vio posteriormente envuelta en problemas legales por exagerar las propiedades de su producto en la publicidad.

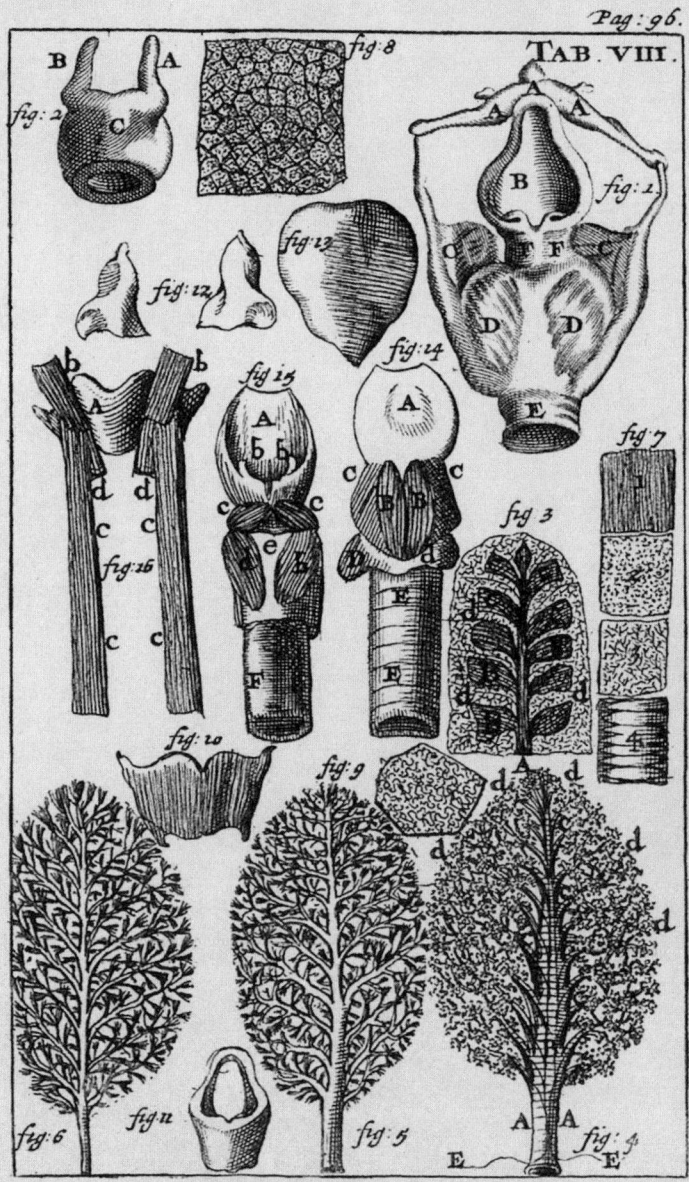

FREE TRIALS
AT 27, PRINCES STREET, HANOVER SQUARE, LONDON, W.

THE

CARBOLIC SMOKE BALL

WILL

POSITIVELY
CURE

COLDS

COLD IN THE HEAD

COLD ON THE CHEST

CATARRH

ASTHMA

BRONCHITIS

HOARSENESS

LOSS OF VOICE

INFLUENZA

HAY FEVER

THROAT DEAFNESS

SORE THROAT

SNORING

CROUP

WHOOPING COUGH

NEURALGIA

HEADACHE

For Inhalation only.

For Inhalation only.

This Infallible Remedy is Used by

Marchioness of Bath.
Marchioness of Conyngham.
Marchioness de Sain.
Countess of Dudley.
Countess Dowager of Meath.
Countess of Enniskillen.
Countess of Ravensworth.
Countess of Lanesborough.
Countess of Aberdeen.
Countess of Home.
Countess of Elgin.
Countess of Chichester.
Countess of Hardwicke.
Countess of Carnwath.
Countess Manvers.

Countess Ferrers.
Viscountess Cranbrook
Dowager Viscountess Downe.
Baroness de Linden.
Dowager Lady Garvagh.
Lady Elizabeth Home.
Lady Leucha Warner.
Lady Eleanor Harbord
Lady Florence Duncombe.
Lady Henrietta Pelham.
Lady Eva Wellesley.
Lady Algernon Percy.
Lady Aline Beaumont.
Lady Blanche Hozier.
Lady Frances Hawke.

Lady Alfred Paget.
Lady Campbell of Garscube.
Lady Erskine.
Lady Mostyn.
Lady Clavering.
Lady Borthwick.
Lady Annesley.
Lady Churchill.
Lady Cavendish.
Lady Wellesley.
The Lady Mayoress (Lady Isaacs).
Mrs. S. B. Bancroft.
Mrs. Bernard Beere.
Miss Ellen Terry.
Mrs. W. H. Kendal.

Earl Cadogan.
Earl of Leitrim.
Lord Rossmore.
Lord Montagu.
Lord Fitz-Gerald.
Rt. Hon. Sir John Saville Lumley, Bart.
Sir John Whittaker Ellis, Bart., M.P.
Sir Digby Murray, Bart.
Sir Barnes Peacock, Bart.

Sir Edward Colebrooke. Bart.
Sir Edward Birkbeck, Bart.
Sir Robert Cunliffe, Bart.
Dr. Russell Reynolds, F.R.S., Physician to Her Majesty the Queen's Household.
Sir John Banks, M.D., K.C.B., Physician to Her Majesty the Queen.
Henry Irving, Esq.
Leopold de Rothschild, Esq.

New American Remedy.

cosidad con la tos. Otro remedio extremadamente amargo, la *hoheria* (en particular, *Hoheria populnea*) es la alternativa neozelandesa al malvavisco, y solo crece en ese país. Los racimos de flores de color blanco cremoso adornan esta planta conocida por contener grandes cantidades de mucílago, una sustancia gelatinosa similar a la hallada en el interior de las hojas de aloe vera. Los maoríes la utilizaban como agente calmante para los problemas pulmonares y estomacales. La corteza también se utilizaba en cataplasmas para curar la piel lacerada.

Todo curandero tradicional o apotecario ha tenido que recurrir a plantas locales. En Asia Central, estos utilizaban la rodiola, el espino amarillo, la genciana de montaña y el *Rhododendron anthopogonoides*, o *liexiang dujuan*, que se consideraba especialmente bueno para la tos. Dependiendo de la región y las plantas locales disponibles, los apotecarios recomendaban la acacia, la *Mentha canadensis*, la menta china y el *Ocimum*, o albahaca dulce, para enfermedades infecciosas como la bronquitis y la neumonía. La menta piperita se solía usar contra la congestión nasal y la obstrucción de los senos paranasales, que puede ser muy dolorosa. A veces, algunos dentistas siguen recomendando cristales de mentol para el dolor de muelas agudo causado por la presión ejercida sobre las raíces a través de los senos paranasales bloqueados.

En la antigua Europa, la creciente contaminación urbana acrecentó las enfermedades pulmonares. A ello se añadió el consumo de tabaco. Al principio, los fumadores notaron que el tabaco reducía la mucosidad y hasta se llegó a considerar que era beneficioso y capaz de curar otras enfermedades. Nadie sospechaba entonces sus verdaderos efectos sobre la salud.

Los médicos empezaron a investigar las causas de los problemas respiratorios. Bernadino Ramazzini, médico modenés del siglo XVII, investigó lo que hoy llamamos «enfermedades profesionales», y en 1700 publicó el primer libro sobre el tema, *De morbis artificum diatriba* («Tratado sobre las enfermedades de los trabajadores»). Ramazzini observó que los agricultores respiraban peor al trabajar con heno y otros cultivos, especialmente durante el trillado de las cosechas tardías que se habían enmohecido. Este médico comenzó a sospechar que las partículas pequeñas de heno eran las responsables de que los pulmones de los agricultores se irritaran, ya que los síntomas desaparecían una vez acaba esa cosecha.

A principios del siglo XX, el asma se trataba con belladona, también conocida como «hierba del amor», y que actuaba sobre ciertos receptores para dilatar las vías respiratorias y así reducir los síntomas. Más adelante se fabricaron «cigarrillos contra el asma» a partir de *Datura stramonium*, una planta que contiene altos niveles de atropina, un fármaco que ahora figura en la lista de medicamentos esenciales de la OMS. Resulta extraordinaria la ingenuidad demostrada al recetar estos remedios, así como que se esperara mejoras con ellos.

Izquierda: antigua ilustración de un fumador (1616).

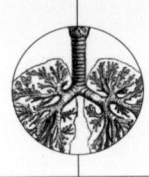

ASAFÉTIDA

Ferula assa-foetida

La asafétida debe su nombre al olor acre de los compuestos de azufre que contiene. Está estrechamente relacionada con la cañaheja, pues ambas plantas crecen hasta 2 m de altura y tienen grandes flores amarillas aparasoladas. En la medicina ayurvédica india, la asafétida se conoce como *sanjna-sthapaka*, o «restauradora de la conciencia». Se cree que relaja las vías respiratorias y facilita la respiración.

La asafétida es originaria de Afganistán e Irán, y fue incluida en el siglo VIII a. C. en un inventario de plantas de los jardines del rey babilónico Marduk. En Nínive apareció en un catálogo de plantas medicinales de la biblioteca de Asurbanipal. Hoy en día, sin embargo, se usa más en la India. Conocida como *hing*, la especie se elabora recogiendo la savia de las raíces de la planta y secándola, y se usa para añadir un sabroso sabor umami a los alimentos cocinados. Resulta adecuada para las personas alérgicas al ajo y la cebolla, y también la toman jainistas y los seguidores del movimiento hare krishna, quienes tienen prohibido consumir estos y otros *Allium*.

La asafétida siempre ha estado a caballo entre la alimentación y la medicina. En la antigüedad, el médico griego Dioscórides señaló su olor «desagradable», que los cocineros indios saben que se disipa una vez cocinada, dando lugar a un aroma sabroso. Maimónides también la menciona en un contexto culinario en su *Mishné Torá*: «En la temporada de lluvias, se deben comer alimentos con muchas especias, pero con una cantidad limitada de mostaza y asafétida». En el siglo XI, los grandes médicos musulmanes Avicena e Ibn al Baitar también escribieron sobre sus efectos medicinales activos.

La asafétida tiene un alto contenido en polifenoles, como taninos y flavonoides. Los taninos se adhieren a ciertas sustancias y producen una sensación de astringencia y un sabor amargo que también se describe como «que baña la boca» con una sensación seca, arrugada, casi peluda. Este sabor es común en los vinos tintos con cuerpo, el té fuerte y la fruta verde. En la naturaleza, la función más importante de los taninos es la de avisar a las aves y otros animales de que la fruta no está madura, y así posponer su ingesta.

Hasta 1918, la gente llevaba encima bolsitas de resina de asafétida seca con la esperanza de que les protegiera contra las pandemias de gripe. Las investigaciones modernas han revelado que la asafétida puede ayudar a reducir la presión arterial al relajar los vasos sanguíneos. La medicina y cocina occidentales rara vez utilizan asafétida, si bien aparece de forma inesperada en la versión original de una exquisitez inglesa: la salsa Worcestershire, usada en varios preparados.

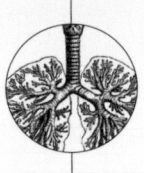

GALANGA

Alpinia galanga, A. officinarum

De la misma familia de raíces nudosas que la cúrcuma y el jengibre, la galanga tiene un follaje verde exuberante y unas columnas de flores intercaladas y de color vívido que asoman espléndidas por encima de las hojas. Ya era conocida en Europa en la Edad Media, y en China se denomina *gao liang-jiang*, o «jengibre suave». En el pasado se utilizaba para tratar los espasmos intestinales y aliviar otros tipos de problemas digestivos. También se recomienda como desodorante suave y remedio para el mal aliento.

La galanga, que crece silvestre en la India y se cultiva en todo el sur de Asia, lleva apreciándose desde la época de los antiguos egipcios. Al igual que muchas otras plantas picantes, a veces se ha utilizado como afrodisíaco. En 1597, el herborista londinense John Gerard escribió de manera sugerente que la galanga «calienta las entrañas demasiado frías». Existen dos especies, y una de ellas se llama «galanga menor», aunque tiene un sabor más fuerte.

Según los historiadores de la alimentación, es posible que la galanga fuera introducida en Inglaterra a principios de la Edad Media por los cruzados que regresaban y que habían adquirido el gusto por la raíz. Se consume al menos desde el siglo XIV: Chaucer la menciona en *Los cuentos de Canterbury* como una de las especias favoritas del cocinero. Este personaje descrito por Chaucer se encuentra entre los peregrinos reunidos en Southwark para peregrinar al sur, y dice que hierve pollos con tuétano, y les agrega «galanga».

En el siglo XI, Hildegarda de Bingen, considerada a veces la «primera escritora botánica», escribió en su compendio de medicamentos y remedios sobre la galanga:

«Quien tenga dolor en la zona del corazón o sufra debilidad cardíaca, debe comer inmediatamente una cantidad suficiente de galanga, y se recuperará». En la Alemania actual, la marca «Hildegard's» sigue comercializando una «mezcla original de galanga», elaborada con esta raíz e hinojo, y que sus seguidores consideran beneficiosa para la salud del corazón. Algunas de sus convicciones médicas pueden parecer ahora excéntricas, pero su énfasis en la curación de la persona en su totalidad, y no solo en el tratamiento de los síntomas, sugiere hoy un admirable ejemplo temprano de medicina preventiva.

En Francia, la galanga se añade a licores y digestivos, al igual que en Rusia, donde es la base de un vodka aromatizado llamado *nastoika* y que se sirve en los bares locales.

La galanga se toma en forma de rapé como remedio tradicional para eliminar el catarro, y sus semillas de color vivo se pueden masticar para refrescar el aliento y limpiar los dientes. En Estados Unidos existe una tradición popular llamada Hoodoo, según la cual, si uno mastica galanga y escupe el jugo al suelo antes de que el juez entre en la sala del tribunal, ganará el juicio.

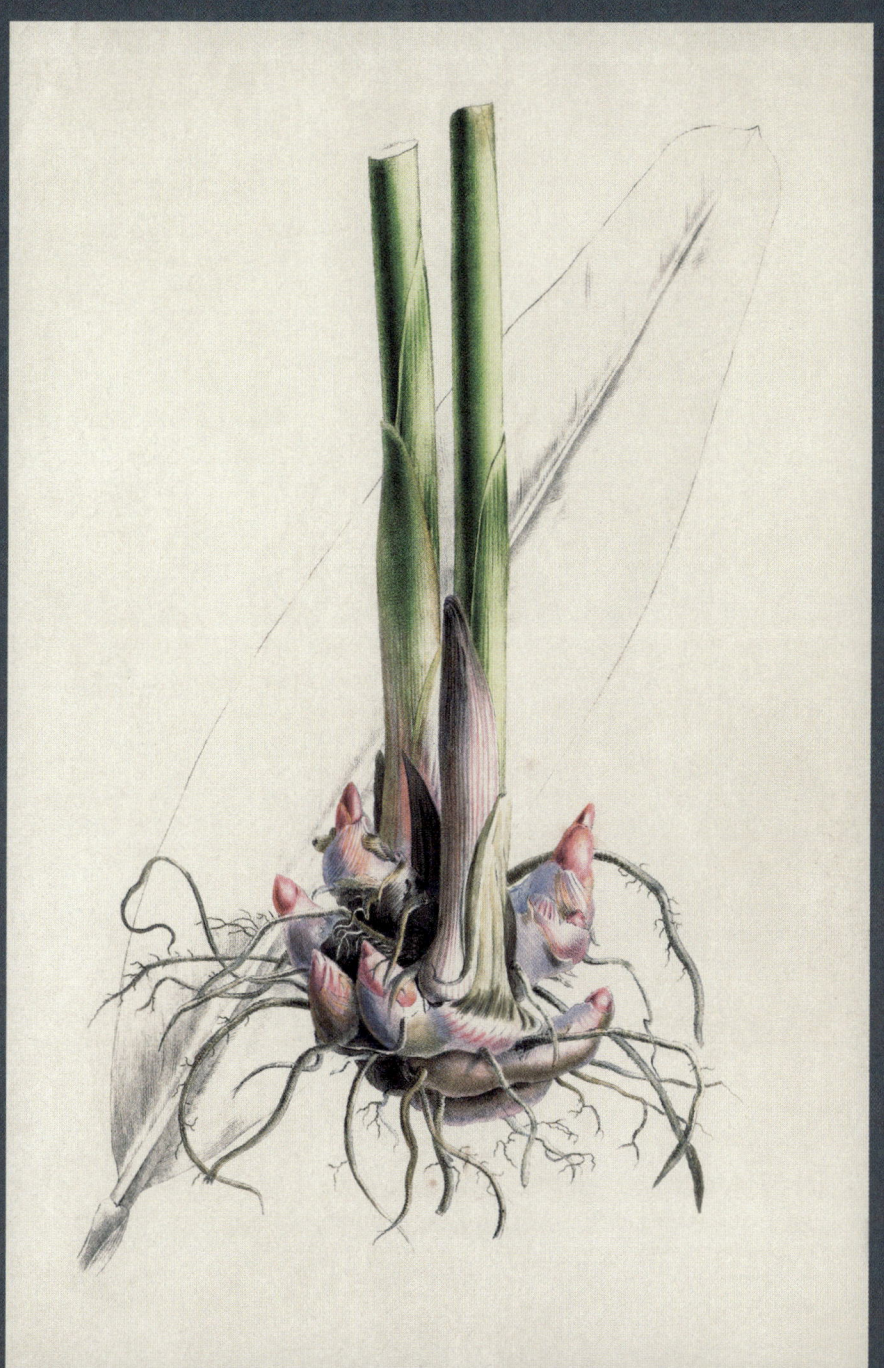

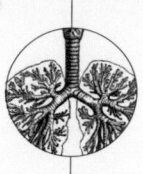

CRISANTEMO

Los crisantemos son célebres por sus flores de vivos colores que se erigen orgullosas sobre tallos robustos y que suelen alegrar el final del verano y la llegada del otoño. Conocidos como *ju hua* en la medicina tradicional china (MTC), se suelen preparar en una infusión que calma el cuerpo y limpia el organismo.

En la cultura china, los crisantemos constituyen una flor muy importante y son el centro del Festival del Doble Nueve, que se celebra el noveno día del noveno mes lunar chino (normalmente a finales de octubre). Además, este país posee la mayor diversidad biológica de crisantemos, donde se han cultivado muchas variedades hortícolas. En 1630 ya se conocían unas 500 variedades cultivadas.

El Doble Nueve es un festival para «ahuyentar el peligro», y se basa en un popular relato sobre un hombre que evitó la muerte al subir una montaña para beber vino de crisantemo. Los niños aprenden poemas sobre estas flores y hacen carreras de escalada. En China se ha añadido el vuelo de cometas como parte de la tradición. Todo esto evoca la idea de que las flores recién cortadas y el aire fresco alejan la suciedad y los problemas. Los crisantemos chinos también pueden formar parte del ritual de limpieza de la casa, y en la medicina tradicional china se utilizan para bajar la presión arterial y despejar las vías respiratorias.

Fuera de China, otros sistemas médicos también reconocen el valor de los crisantemos. La medicina coreana utiliza las flores para calmar y desintoxicar el cuerpo, y, para cuidar la salud, los coreanos suelen beber un tónico de vino de arroz aromatizado con flores de crisantemo, llamado *gukhwaj*. En la medicina Kampo japonesa, el crisantemo se utiliza sobre todo para afecciones cardiovasculares, ya que mejora la circulación sanguínea. Los japoneses también celebran un festival del crisantemo, *Kiku no Sekku*, en el que es tradicional beber sake de crisantemo. El sello imperial de todo el país es una flor de crisantemo, y la monarquía se denomina a menudo el Trono del Crisantemo.

En Europa, los crisantemos se asociaron desde muy temprano con la diosa Afrodita, y se usaban para hacer guirnaldas con las que celebrar su divinidad. Se creía que sus alegres flores protegían contra los espíritus malignos. Tiempo después se recetaba como infusión relajante por sus propiedades calmantes. Las flores, especialmente las blancas, se asocian mucho con los cementerios, posiblemente porque alcanzan su máximo esplendor durante las festividades cristianas del Día de Todos los Santos y el Día de los Difuntos, pero también porque, una vez cortadas, son flores muy duraderas.

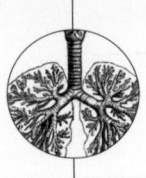

EQUINÁCEA

La equinácea, espectacular flor rosa de las praderas americanas, la usan tradicionalmente como remedio los nativos americanos, y ahora se usa en todo el mundo para tratar la tos y los resfriados. En estado silvestre, cubre el terreno abierto con sus flores altas y coloridas; sus beneficios medicinales se conocen desde hace muchos siglos, y también puede combatir a los insectos.

El cono en el centro de la equinácea es muy atractivo para las abejas, y una vez que caen los pétalos, tiene unas proyecciones espinosas que le dan el aspecto de un erizo de mar, o *ekhinos*, en griego, lo que le dio su nombre latino a la planta. Al igual que muchos otros remedios herbáceos, la población silvestre de esta planta está algo amenazada por el ser humano, ya que se recolecta en grandes cantidades para su comercio. Su cultivo no es tan rentable como su recolección silvestre.

Los indicios arqueológicos sugieren que los pueblos originarios de América han utilizado la equinácea durante cientos de años para tratar diversos síntomas, desde resfriados y dolores de garganta hasta dolores de cabeza. Los utes la denominaban «raíz de alce», porque creían que los alces enfermos la buscaban instintivamente como remedio. También se utilizaba en ceremonias de sudación, y se ha encontrado en yacimientos arqueológicos de antiguas aldeas nativas americanas.

Los colonos europeos observaron estas prácticas, y, a finales del siglo XIX, en Estados Unidos se introdujeron varios medicamentos que contenían equinácea, como el Me-

yer's Blood Purifier («purificador de sangre de Meyer»). En Europa, el herborista de Basilea Alfred Vogel (1902-1996) la destacó entre el tesoro de hierbas suizas de su empresa.

Los medicamentos derivados de la equinácea eran principalmente tinturas elaboradas con sus raíces, a menudo en forma de un líquido llamado *menstruum*, que solían contener una gran proporción de alcohol para extraer y conservar las cualidades medicinales de la hierba. Los apotecarios aconsejan conservar estos preparados en frascos de vidrio oscuro, ya que la exposición a la luz puede mermar sus facultades. En el caso de la equinácea, cuyas raíces tienen un sabor terroso bastante fuerte, la tintura puede administrarse disuelta en algo más apetecible.

Hoy en día, los herboristas recomiendan la equinácea para tratar las infecciones del tracto respiratorio superior. La planta también se está estudiando, junto con otros miembros de la familia de las margaritas, para ver si puede ayudar a restaurar la respuesta de señalización de la insulina, que se vuelve cada vez más caótica en las personas que padecen el síndrome metabólico (la fase que precede a la diabetes tipo 2).

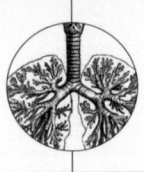

ALCANFORERO
Cinnamomum camphora

El potente y hormigueante aroma del alcanfor proviene de los aceites esenciales contenidos en la corteza y la madera del alcanforero, *Cinnamomum camphora*. Durante gran parte de la historia, se consideró uno de los pocos remedios eficaces para tratar la tos o el dolor de garganta, así como el picor causado por las picaduras de insectos. También puede ser analgésico, por ejemplo, en casos de artritis; pero se utiliza sobre todo como descongestionante.

Es posible que las sustancias químicas que proporcionan al alcanfor su característico aroma se desarrollaran como defensa contra los ataques de insectos. Algunos de estos mismos compuestos también contribuyen al aroma que emana del romero. Por este motivo, el alcanfor se suele inhalar o aplicar sobre la piel, para que la vaporización permita que la fragancia llegue a las vías respiratorias superiores. Esto también significa que puede utilizarse como alternativa a los repelentes de mosquitos o las bolas de naftalina, y se dice que los reyes de la India se acostaban en camas hechas de esta madera para evitar los piojos.

En la antigüedad, el alcanfor estaba muy presente en ceremonias religiosas. Los antiguos egipcios lo empleaban en el proceso de momificación, y los zoroástricos lo usaban en sus rituales. Los chinos lo llamaban «perfume del cerebro del dragón», y era uno de los remedios populares contra la peste negra, cuando se creía que no oler a los muertos ofrecía protección. En el hinduismo, la quema de alcanfor es la última etapa del rito de adoración de deidades llamado *puja*. En el Corán se menciona como ingrediente de la bebida que los justos degustarán en el paraíso. Es el elemento final de la ceremonia islámica de purificación de los muertos, establecida en un *hadiz* (dicho del profeta Mahoma): se debe frotar alcanfor en la frente, las palmas de las manos, las rodillas y los dos dedos gordos de los pies.

Los primeros médicos entendían que el alcanfor actuaba sobre los vivos «enfriando el cuerpo», y algunos creían que podía inducir el sueño y calmar el deseo sexual excesivo. Era tan valioso que, en el sur de China, los bosques de alcanforeros eran muy preciados por las potencias coloniales, y eso fue la causa de un enfrentamiento naval entre británicos y chinos en 1868. El alcanfor es muy potente, y el aceite puro acabó retirándose de la venta en el Reino Unido debido a que puede provocar convulsiones si se utiliza en exceso.

Aun así, los ciclistas profesionales siguen aplicándoselo para «abrir el pecho» antes de intentar una gran subida de montaña. Además, es un componente potente de muchas pomadas para después del ejercicio, ya que da la sensación de relajar los músculos tensos. A menudo aparece en productos deportivos junto con romero, menta e incluso chile, todos ellos destinados a reducir el cansancio del cuerpo.

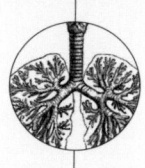

MEMBRILLO

La palabra *membrilo* puede referirse a varios arbustos de la familia de las rosáceas, es decir, emparentados con los manzanos, por ejemplo. Florecen en primavera, tras lo cual producen frutos. El membrillo chino, *Pseudocydonia sinensis*, es liso, mientras que el fruto duro y amarillo conocido ya por los antiguos griegos, *Cydonia oblonga*, tiene una pelusa suave como la del melocotón. El membrillo chino es muy conocido en la medicina tradicional china. Se denomina *mu gua* y es apreciado por su capacidad para eliminar la humedad del cuerpo y calentarlo, especialmente en casos de resfriados y gripe.

Ambas especies de membrillo son conocidas por su fruto amarillo, que tiende a ablandarse y volverse más apetecible después de las heladas otoñales, desprendiendo un aroma muy perfumado. El membrillo, que crece de forma silvestre en los alrededores del mar Caspio, era considerado símbolo de la fertilidad en la antigua Grecia. En arte, Afrodita suele sostener un membrillo en sus manos para evocar el amor y la belleza. Y es probable que fuera un membrillo la manzana dorada arrojada por Eris, diosa de la discordia, y a quien se le atribuye haber provocado la guerra de Troya.

A partir de ahí, en Grecia surgió la tradición de que los invitados a las bodas llevaran membrillos, granadas y manzanas hasta la iglesia. Más adelante, la usanza dictaba que si una novia comía membrillo, su primer hijo sería varón. La palabra *membrillo* proviene del latín *melimelum* y, al igual que otros frutos de árboles, los membrillos se cocinaban con miel. De ello se deriva también el término *mermelada*.

En la medicina tradicional china, el membrillo chino se deja secar y se vende como fruto seco de aspecto poco apetitoso, que luego se muele hasta convertirlo en polvo para su consumo. Se ha recetado como cataplasma y para tratar el dolor de articulaciones y músculos, especialmente los calambres, y también como sencillo remedio para la tos. Incluso se administraba, como medida desesperada, a los tuberculosos. En Corea se elabora un té tradicional con membrillo chino, llamado *mogwa-cha*, que se suele beber para aliviar el dolor de garganta y combatir los resfriados.

REMEDIO TRADICIONAL

Mermelada de membrillo

«Una buena ama de casa isabelina siempre tenía a mano un surtido de cordiales y reconstituyentes, como agua de rosas y melaza, hierbas para las fiebres, ensaladas frescas, jarabes y conservas de membrillo y agracejo. En el poema *The good huswifelie physicke*, de 1573, Tusser elogiaba:

"Conserva de Berbería, es decir, de membrillos,
cuyos siropes alivian tanto a los enfermos".

En el tratado titulado *Austen on fruits*, de 1665, se dice que la mermelada de membrillo se conoce como buen tónico que fortalece el estómago y el corazón, tanto en enfermos como en personas sanas. Para elaborar este dulce se necesitan tres cuartos de libra de azúcar por cada media libra de membrillo. Cortar los membrillos en rodajas y colocarlas en una olla con agua suficiente para que floten. Poner al fuego a cocer hasta que se reduzcan a pulpa, removiendo de vez en cuando para evitar que se quemen, durante unas tres horas. Pasar la pulpa por un colador para separar la piel y las semillas. Agregar el azúcar y seguir removiendo bien hasta que la mezcla se reduzca. Lord Bacon recomendaba la mermelada de membrillo para fortalecer el estómago.»

Comidas medicinales (1908), W. T. Fernie, doctor en medicina

CAPÍTULO 6

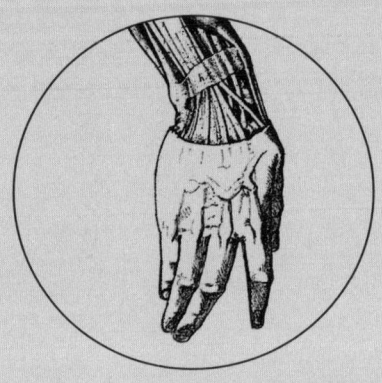

PURIFICAR LA PIEL

El ser humano siempre ha vivido con la marca visible en su rostro de la vida que ha llevado. Desde el bocio y el eccema hasta las cicatrices, los forúnculos y la viruela, nuestros rostros están marcados por los retos a los que nos hemos enfrentado.

En el pasado, la gente entendía mucho menos el proceso que hay detrás de la medicina: los médicos, sin posibilidad de ver el interior de los cuerpos vivos, tenían que basarse en la observación de los productos de desecho, como la orina, y en el examen de la piel y los ojos, por lo que una piel sana se asociaba con un cuerpo sano.

Más allá de la salud, el ser humano también ha deseado conservar una belleza juvenil. La piel es el órgano más extenso del cuerpo, y los herboristas recomendaban tomar infusiones de diente de león y bardana para purificarla. Al limpiar el sistema digestivo, la manzanilla podía disminuir cualquier rojez. También se recomendaba la infusión de flor de tila por sus propiedades antiinflamatorias. Y para la piel grasa, los apotecarios comprendieron muy pronto que algunas plantas tienen propiedades astringentes que reducen ese aspecto grasiento. Así, se recomendaba la menta, la ortiga o el abedul para reducir el exceso de sebo y limpiar los poros.

Estos patrones también se observaban en otros sistemas médicos. Por ejemplo, la medicina tradicional china (MTC) considera que el hígado es el órgano de la desintoxicación. Como la MTC busca el equilibrio entre las diversas energías del cuerpo, si el hígado no está sano, la energía *qi* no circula correctamente. Según la MTC, hay muchos factores que pueden provocar el estancamiento de la energía *qi*, desde estar sentado demasiado tiempo hasta factores ambientales, el estrés de la vida o las emociones negativas. Para eliminar toxinas se puede recetar, por ejemplo, regaliz o trébol rojo. También es muy eficaz el *Tremella*, el hongo de nieve, que se considera que ayuda a hidratar la piel. Para el mismo problema, los apotecarios ayurvédicos suelen recetar amla, o grosella espinosa india (*Phyllanthus emblica*), que es muy rica en vitamina C.

Arriba: grosella espinosa india, tratamiento ayurvédico para la piel.

Derecha: el interior del cuerpo humano era a menudo un misterio para los médicos del pasado, por lo que examinaban la piel en busca de pistas sobre las dolencias subyacentes.

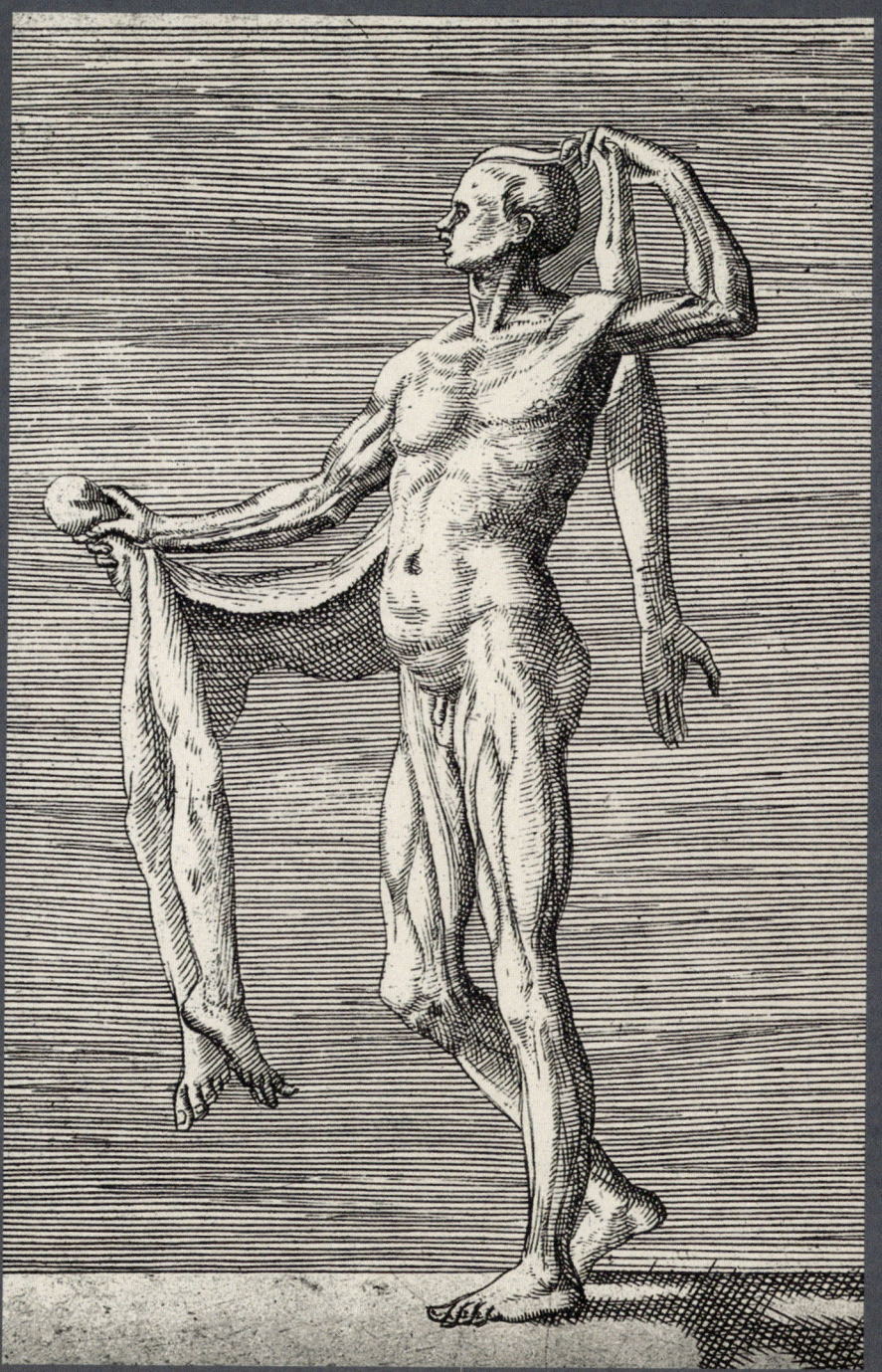

Desde hace miles de años se conoce el efecto calmante de los aceites y mantecas vegetales, pero hoy sabemos que es la vitamina E presente en los aceites vegetales la que puede ayudar a reducir la respuesta inflamatoria en determinadas afecciones cutáneas. La manteca de cacao, el aceite de coco y el germen de trigo son buenas fuentes de vitamina E. Dicha vitamina se absorbe mejor cuando se consume con grasas, por lo que los frutos secos son una combinación perfecta de estos dos grupos de nutrientes.

En muchas culturas, la purificación también se llevaba a cabo a través de baños de vapor y sudor. Los antropólogos que estudian los rituales humanos en todo el mundo han observado que las prácticas de purificación son muy comunes en todas las culturas, especialmente después de acontecimientos vitales como la menstruación y el parto. Muchas religiones exigen la purificación antes de entrar en contacto con lo sagrado, o incluso antes de llegar a un espacio religioso para rezar. Casi todos los rituales de este tipo incluyen el aroma de las plantas para marcar el límite. Estos ritos distancian al ser humano de la contaminación de los alimentos, las bebidas, las enfermedades, la actividad sexual e incluso el sueño en la vida cotidiana, y lo acercan al terreno más puro de lo divino.

Algunos crecimientos de partes del cuerpo se consideran algo impuro; por eso, por ejemplo, es esencial cortarse las uñas antes de algunas ceremonias religiosas. Algunas religiones juzgan como contaminantes los alimentos de olor fuerte; es el caso de ciertos grupos religiosos de la India que no utilizan ajo ni cebolla. Sin embargo, las religiones también tienen lo que se denomina prácticas «paradójicas», en las que sumergirse en lo impuro purifica. Así, el ajo también puede considerarse como algo que «extrae» la impureza.

En el hinduismo, la ceniza sagrada llamada *vibhuti* se obtiene de la madera quemada en otros rituales, pero también puede incluir excremento de vaca sagrada y cuerpos humanos quemados. El *vibhuti* se puede untar en la cara como acto de purificación. Cuando el actor indio Vijay Deverakonda obtuvo un papel en una película junto a Mike Tyson, su madre estaba tan preocupada que quemó *vibhuti* y se lo untó con *kumkuma* (cúrcuma roja en polvo), antes de sus cameos con Tyson. «Ahora estoy bien y las *pujas* de mi madre funcionaron», dijo Deverakonda posteriormente, tras «sobrevivir» a un golpe accidental de Tyson durante el rodaje.

En las culturas nativas americanas, era habitual utilizar una cabaña de sudación antes de la celebración de otras ceremonias. El

Arriba: Virabhadra, una forma del dios hindú Shiva, con la marca de la ceniza sagrada *vibhuti* en la frente.

calor de la cabaña se complementaba con el uso de plantas aromáticas. En la cultura yurok, de la costa de California, los hombres de la aldea no dormían con sus familias, sino en la cabaña de sudación. Y, en algunas culturas, los candidatos a la iniciación deben primero recluirse en el bosque o la selva, y convivir estrechamente con plantas y árboles.

La purificación del cuerpo es importante, pero en muchos sistemas médicos también lo es la limpieza de la energía del entorno que rodea a un paciente, especialmente en el hogar. El enebro es fundamental en los rituales de purificación escoceses (pp. 148-149). En estos ritos se solían incluir plantas, a menudo unidos a la húmeda capacidad de depuración del agua. El fuego es una intensa fuerza purificadora, y las plantas también pueden quemarse, produciendo una ceniza o fragancia muy aromática. En la tribu yurok, las curanderas rellenaban y encendían pipas, succionando el dolor del enfermo con el humo. En Sudamérica, los aztecas seguían un calendario de 52 años y, al final de cada ciclo, todos los cálculos de fechas volvían a cero y se dejaba que todos los fuegos se consumieran. Luego, los sacerdotes encendían uno nuevo sobre el cuerpo de una víctima humana sacrificada.

Hoy, purificar un entorno usando humo se conoce como sahumar, y está relacionado con el proceso seguido por los nativos americanos de frotar las paredes con un poco de ceniza para simbolizar la purificación. En Escocia, el proceso se denomina *saining*. El humo de hierbas se ha utilizado como desinfectante durante muchos siglos —de hecho, el término *fumigación* tiene ese significado—, y el humo de salvia apiana se suele aconsejar como purificador. Otras plantas aromáticas quizá más usadas en Europa son la lavanda, la rosa, el cedro y las hojas

de laurel. Normalmente es necesario secarlas antes de quemarlas, aunque sea lentamente. Este proceso nos conecta, a lo largo de la historia de la humanidad, con otras culturas del mundo que también han utilizado las plantas para purificar su entorno.

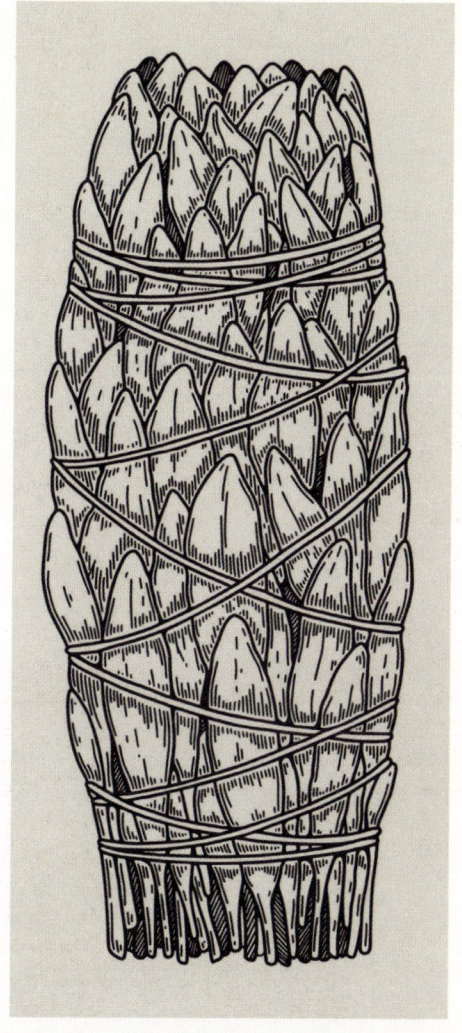

Arriba: ilustración de un sahumerio; sahumar es el proceso de purificar un entorno quemando hierbas, a menudo salvia apiana.

ALOE VERA

El aloe vera es un miembro de un gran género de plantas adaptadas a condiciones cálidas, secas y sin sombra, con una característica roseta de hojas suculentas, que han evolucionado para almacenar valiosísimas reservas de agua y azúcar. El contenido gelatinoso y húmedo de sus hojas espinosas encierra una sustancia naturalmente calmante y, actualmente, muchas cremas incluyen aloe vera para aliviar las quemaduras solares, las ampollas y otras afecciones de la piel.

Los aloes forman parte de una rica familia floral que se extiende por África y el Mediterráneo, llegando hasta la península Arábiga y el océano Índico. Sin embargo, muchas de las especies actuales son muy locales y solo se encuentran en un hábitat específico. Aunque el aloe vera es la más conocida, existen otras especies de aloe que también tienen usos medicinales. Los últimos hallazgos sugieren que el aloe vera es la especie más apreciada y empleada, tal vez porque crecía cerca de las antiguas rutas comerciales. El alto contenido en agua de la planta evolucionó para permitir su supervivencia en condiciones de sequía. En primavera, con la llegada de las lluvias, las plantas maduras producen unas espigas florales de color naranja y amarillo muy atractivas tanto para insectos como para pequeños pájaros, sus principales polinizadores.

El aloe se menciona por primera vez de forma reconocible en *De materia medica* (50-70 d.C.), un compendio de plantas medicinales y sus usos escrito por Dioscórides. Este galeno y botánico griego, uno de los primeros escritores sobre temas médicos,

manifestó en su obra haber llevado una «vida de soldado» y que la mayoría de sus plantas procedían del Mediterráneo oriental, lo que sugiere que viajó allí agregado a un ejército. Registró los nombres de las plantas autóctonas en dacio, tracio, egipcio antiguo y cartaginés, lo que sugiere que aprendió a comunicarse con los pueblos locales. Es posible que fuera durante sus viajes cuando aprendió a aplicar aloe sobre la piel quemada por el sol o con ampollas, como calmante.

En el ayurveda, el aloe —denominado *ghritkumari* en sánscrito— es muy apreciado como una de las hierbas utilizadas para rejuvenecer el cuerpo. La planta desempeña un papel importante en el enfoque holístico de la curación del cuerpo —llamado *rasayana*— adoptado por los practicantes del ayurveda. El pueblo zulú lo usa en forma de decocción para ayudar durante el parto, así como para tratar animales enfermos. Incluso se utilizó en Hiroshima para ayudar a los quemados por la explosión de las bombas atómicas, y hoy en día se sigue usando para quienes han sufrido quemaduras por radioterapia durante el tratamiento contra el cáncer.

CAMELIA

La camelia es conocida como arbusto primaveral de hojas brillantes y flores vistosas, pero posiblemente sea más célebre por su papel en la elaboración del té. La especie utilizada para la infusión es la *Camellia sinensis*, mientras que la floral y medicinal es la *Camellia japonica*, si bien no sería difícil encontrar quien sostuviera que la bebida en sí misma es una buena medicina. La *C. japonica* es apreciada en los sistemas médicos tradicionales de China, Japón y Corea por sus propiedades saludables, además de ser un potente tratamiento de belleza.

La camelia fue mencionada por primera vez en un texto médico en 1613, cuando el galeno real coreano Heo Jun habló de sus semillas y flores en el famoso libro de texto *Dongui Bogam* (*Principios y prácticas de la medicina oriental*). Al mismo tiempo, las mujeres coreanas descubrían que el aceite de camelia realzaba el preciado color negro de su cabello. También comenzaron a utilizarlo como protección facial. En Japón, se decía que las *geishas* se limpiaban el rostro con aceite de camelia, prefiriéndolo al agua para mantener la piel fresca y rosada.

Con el tiempo, la medicina tradicional coreana adquirió su propio nombre, *hanbang*, hoy en día también asociado con el «K-skincare», una tendencia de cuidado de la piel en boga entre las *influencers*. Al igual que con la comida coreana, la fermentación suele formar parte del proceso, y muchos sostienen que así estos productos son mejores para la piel y se absorben más fácilmente. Se utilizan junto con meticulosos masajes faciales, destinados a obtener un cutis más terso y joven, y a veces se utilizan utensilios como rodillos de jade y piedras *gua sha* (también muy valoradas por las *influencers*).

Muchas marcas de alta gama de todo el mundo incluyen ahora la camelia en sus productos para el cuidado de la piel. Chanel ofrece una mascarilla reparadora de camelia, su flor emblemática, y que Coco Chanel se prendió en el cinturón en 1913 por capricho. La variedad Alba Plena de *C. japonica* la cultiva en exclusiva para Chanel el experto Jean Thoby en el sur de Francia, donde se recolecta a mano en el momento más seco del día y se congela para su uso posterior en cosméticos y perfumes de Chanel.

En otros ámbitos del cuidado de la piel, la especie utilizada suele ser la *C. oleifera*, que produce la mayor parte de los preciados aceites y ceras medicinales que, según se afirma, garantizan la hidratación de la piel. Se dice que el aceite protege contra la contaminación ambiental, mantiene intactos los lípidos de la piel e incluso reduce la hiperpigmentación y las líneas de expresión. Sin embargo, la camelia favorita del mundo sigue siendo la planta para infusión. No existen pruebas clínicas realmente sólidas de que la infusión tenga beneficios medicinales, pero muchos consumidores habituales los consideran indiscutibles.

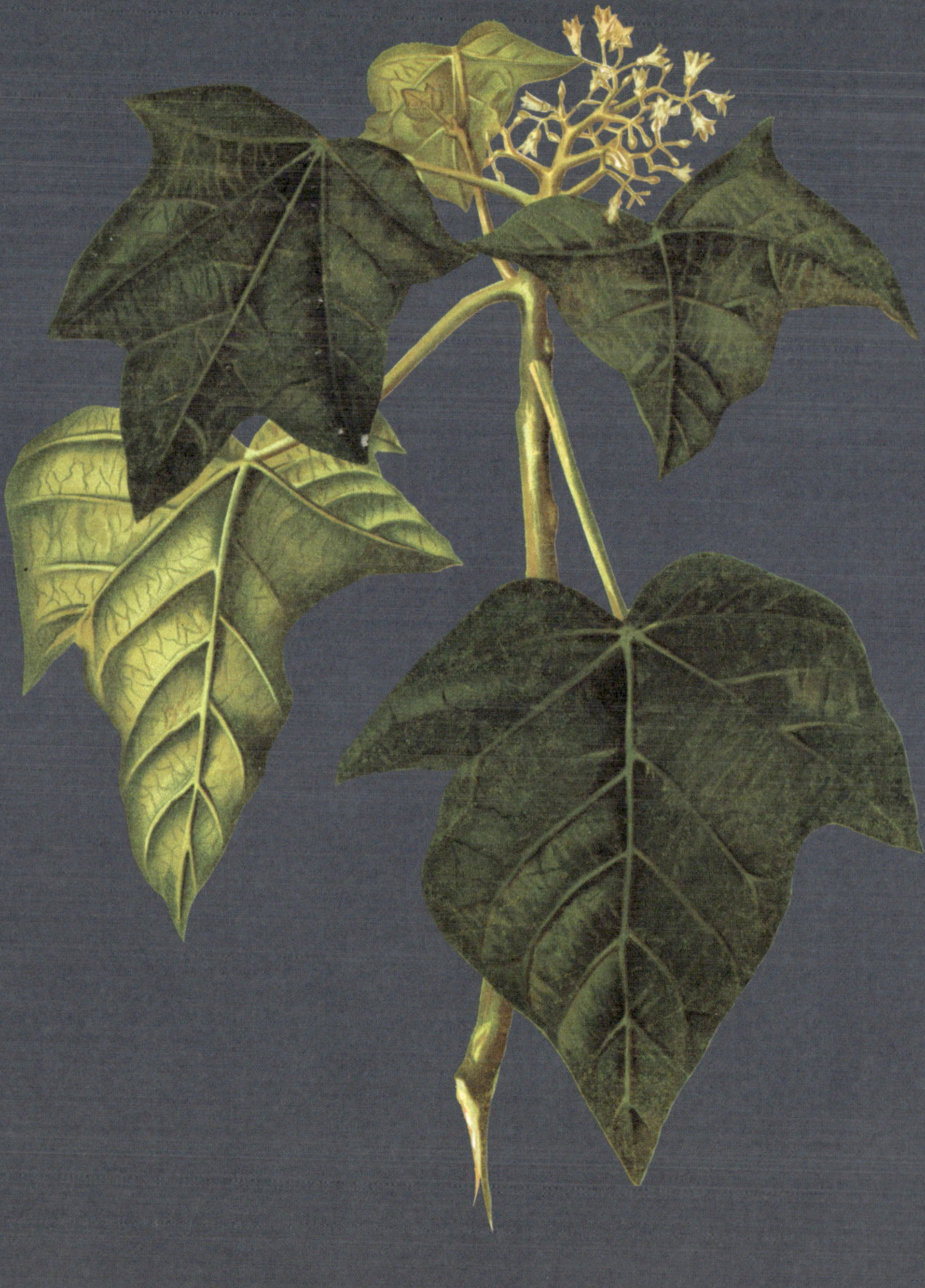

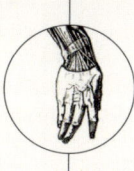

NUEZ DE LA INDIA

Aleurites moluccanus

La nuez de la India es una de las llamadas «plantas de canoa», consideradas tan esenciales que se llevaban en las embarcaciones de los isleños del Pacífico que emigraban en busca de nuevas tierras. Pariente cercana de la macadamia, la nuez de la India tiene un alto contenido en grasa que le permite arder cuando se enciende de la forma adecuada. Hoy en día, el aceite producido a partir de esta nuez se considera un excelente emoliente, muy utilizado en el cuidado de la piel, aunque a menudo bajo el nombre hawaiano «aceite de *kukui*».

Los orígenes más remotos del árbol candil, como también se conoce, son difíciles de discernir, ya que el ser humano lo extendió ampliamente por los trópicos antes de que hubiera registros históricos. Probablemente, la nuez de la India fue llevada por el Pacífico hasta Hawái. Las cuentas oscuras que se ensartan en los *leis*, las guirnaldas florales tradicionales, son nueces de la India. Regalar un *lei* simboliza una profunda conexión y un gran afecto. Las allí llamadas nueces de *kukui* se asocian con el dios cerdo, Kamapua'a, y con el dios de la lluvia, Lono.

La arqueología revela que las nueces de la India ya eran recolectadas por los habitantes de Timor (Indonesia) hace unos 13 000 años, y que se cultivaron en la isla de Sulawesi alrededor del año 2000 a. C. El árbol de la India es de rápido crecimiento, y se usa para repoblar áreas taladas de la selva tropical, ya que genera rápidamente hermosos bosquecillos sombreados.

El contenido en aceite de estas nueces es tan alto —de hecho, más o menos el 80 % de su peso— que pueden encenderse y arder de manera continuada, como las velas.

Esto dio lugar a un evocador relato popular en Hawái, donde se dice que se utilizaron para crear los primeros faros que permitían traer de vuelta sanos y salvos a los pescadores en la noche.

Como aceite de masaje, proporciona un aroma a nuez suave y agradable, y si se masajea en el cuero cabelludo puede suavizar los efectos de los champús y tintes agresivos. También se vende como producto «antiencrespamiento» para el cabello enredado o dañado. Más allá de la cosmética, se ha utilizado tradicionalmente para tratar pequeñas heridas y quemaduras, las cuales sella y protege del aire.

Otros usos tradicionales incluyen frotar la piel con el aceite para evitar cicatrices, aliviar el picor del eccema y las ampollas de la varicela, y se considera que calma la psoriasis. Se recomienda para evitar las estrías, y con él se pueden fregar las partes aquejadas de artritis, lo cual proporciona un leve alivio del dolor de las zonas inflamadas. En Hawái, las nueces crudas amargas se solían frotar alrededor de la boca de los niños como remedio contra resfriados con mucosidad.

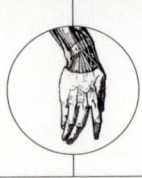

BUDDLEJA

Buddleja officinalis

Si bien muchos la conocen como «arbusto de las mariposas», *Buddleja davidii*,
otros miembros de la familia *buddleja* ofrecen destacables propiedades
medicinales, entre ellos, *B. officinalis*, con similares flores largas, atractivas para
los insectos. Conocida como *mi meng hua* en la medicina tradicional china (MTC),
crece de forma silvestre en China, Corea, Vietnam y Birmania, y se prescribe a
menudo como agente curativo para las heridas cutáneas.

Las flores paniculadas de la *buddleja* son muy fragantes y atraen a muchos polinizadores, de ahí el nombre de «arbusto de las mariposas». Como planta medicinal, se utilizaba en apósitos para heridas por sus propiedades curativas. En Corea, los capullos se emplean para aliviar los dolores de cabeza; y en China se conoce como «guardián de los ojos» por los efectos observados en infecciones oculares. La *buddleja* se considera potente contra las enfermedades del ojo, que van desde la visión borrosa, la conjuntivitis y el ojo seco hasta las úlceras y la queratitis. Estos efectos han adquirido mayor reconocimiento en un mundo en el que las pantallas causan más problemas oculares que nunca.

En la medicina tradicional china, la *buddleja* se combina a menudo con otras plantas para elaborar decocciones contra la tos y el asma. En Madagascar, la especie endémica *B. madagascariensis*, con espigas de flores similares pero de color naranja brillante, se utiliza tópicamente para tratar la tos, el asma y la bronquitis. Según algunas fuentes, también se ha utilizado como sustituto eficaz del jabón.

A pesar de los fuertes vínculos de la planta con China y el este de Asia, su nombre latino podría ser un homenaje a Adam Buddle, vicario de Essex que compiló un herbario de plantas inglesas, además de 22 volúmenes solo sobre musgos. Posteriormente escribió *English flora*, que terminó en 1708. Sin embargo, el libro nunca se publicó y, tras su muerte, pasó a formar parte de la colección de sir Hans Sloane, que ahora se encuentra en el Museo de Historia Natural de Londres. Era un experto en algas marinas, y quizá hoy se sorprendería al saber que su nombre es también el de una planta colonizadora de los tejados y las vías férreas de Gran Bretaña.

MANZANILLA
Matricaria chamomilla y *Chamaemelum nobile*

Dos miembros diferentes de la familia de las margaritas, *Matricaria chamomilla* y *Chamaemelum nobile*, son admitidos como manzanilla (o camomila) por los herboristas, y ambos exhiben un atractivo anillo de pétalos blancos alrededor de un centro amarillo brillante. Se dice que la hierba en sí tiene efecto calmante cuando se consume, y también se utiliza ampliamente como enjuague para dar lustre al cabello rubio y para embellecer el cutis.

Tanto la *Matricaria* como la especie estrechamente relacionada *Chamaemelum* contienen una gran variedad de compuestos, siendo la variedad alemana más picante, y la variedad romana, más ligera y afrutada. El término *Chamaemelum* fue utilizado por primera vez por el botánico y médico Dioscórides. A la planta le dio su nombre común, manzanilla romana, Joachim Camerarius en 1598, después de verla crecer en abundancia en la ciudad de Roma.

Veintiséis países de todo el mundo incluyen la manzanilla en su farmacopea, entre ellos Hungría, donde se la conoce como «reina de las hierbas» *(orvosi székfű)*. A menudo se considera calmante y se bebe en infusión con la esperanza de dormir bien por la noche. Y la autora Beatrix Potter nos cuenta que la madre de Perico el Conejo le da infusión de manzanilla para aliviar su dolor de estómago.

Por el contrario, el nombre de *Matricaria* hace referencia a la palabra latina *matrix*, que puede significar «útero», en alusión al uso romano de esta hierba para tratar calambres y síntomas premenstruales. La flor como tal puede ser un alérgeno, aunque se emplea con frecuencia para tratar afecciones de la piel y, en ocasiones, se toma en baños calmantes. El herbolario y botánico inglés John Parkinson, en su *Paradisi in sole paradisus terrestris* («Paraíso en el sol, paraíso terrenal»), de 1656, escribe: «La manzanilla se utiliza para diversos fines, tanto por placer como por beneficio, tanto para los enfermos como para los sanos, en baños para reconfortar y fortalecer a los sanos y para aliviar los dolores de los enfermos».

La primera vez que aparece documentada la manzanilla es en la medicina uigur, en un libro del siglo X llamado *Canon médico Zhu*, donde se consideraba un remedio calmante. Los herboristas uigures formularon un medicamento a base de varias plantas (entre ellas, la manzanilla) llamado gránulos de Zukamu. La receta fue anotada por primera vez en el texto *Karibatin Kader*, y combina manzanilla con malva, regaliz, nenúfar y semillas de amapola. Este medicamento está especialmente indicado para resfriados, fiebre, sudoración, tos, dolor de garganta y secreción nasal. Muchas personas de la Región autónoma uigur de Sinkiang lo tomaron para tratar la COVID-19, sobre todo cuando no se disponía de otros remedios.

REMEDIO TRADICIONAL

Infusión de manzanilla y miel

5 g de manzanilla
2 rodajas de limón
1 cucharada de miel
Agua caliente
Dejar reposar las flores de manzanilla y el agua caliente en una olla durante cinco minutos. Colar y verter sobre la miel y el limón en una taza. Servir.

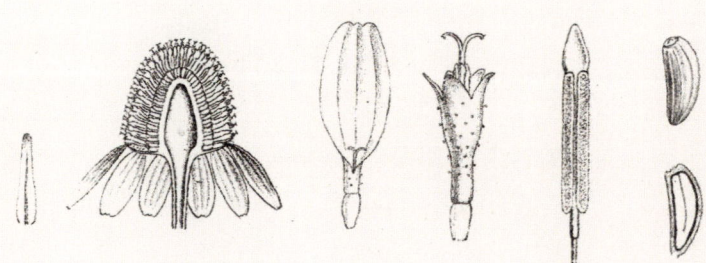

REMEDIO TRADICIONAL

Infusión de manzanilla

«La infusión de manzanilla, tomada una hora o más antes de la cena, es una excelente bebida revitalizante para las personas mayores. Francatelli recomienda poner unas treinta flores secas de manzanilla en una jarra, verter sobre ellas medio litro de agua hirviendo y tapar la infusión. Cuando haya reposado durante un cuarto de hora, colar y endulzar con azúcar o miel.»

Comidas medicinales (1908), W. T. Fernie, doctor en medicina

ENEBRO
Juniperus communis

El enebro *(Juniperus communis)* pertenece a la familia de las coníferas, cuyas agujas suaves y de color verde intenso proporcionan en los meses de verano un fondo resplandeciente a las bayas de color azul negruzco y sabor fuerte. Es aromático y se ha utilizado tradicionalmente para los problemas del tracto urinario, ya que se considera diurético. También se ha prescrito para el acné, la caspa y otros trastornos de la piel.

El enebro tiende a crecer en suelos pobres y, como muchas coníferas, su ciclo de maduración reproductiva tarda más de un año. Las bayas oscuras visibles aparecen por primera vez en las ramas 18 meses antes, y, en términos botánicos, son en realidad conos modificados. Estos árboles pueden crecer a altitudes extremadamente elevadas, como es el caso del enebro de Utah en Estados Unidos y el enebro del Himalaya en la India, Nepal y China.

Las hojas y las bayas del enebro tienen un aroma intenso y contienen aceites aromáticos que dan a la planta un olor característico y reconocible. Entre estos aceites se encuentran el limoneno, que da a la piel de los cítricos su sabor ácido, y el pineno, que da a los pinos su inconfundible aroma. El enebro es también una de las numerosas plantas que contienen cumarina, un compuesto biológicamente activo. La cumarina es fragante, se utiliza a menudo en jabones de manos y detergentes y también se puede emplear para enmascarar olores desagradables; es el olor dulce característico que percibimos en la hierba recién cortada.

El enebro se conocía tradicionalmente como sustancia para ahuyentar a las brujas. Ya los antiguos mesopotámicos lo consideraban eficaz contra el mal de ojo. Era la planta simbólica más asociada a Astarté, la diosa de la fertilidad de los cananeos descrita en el Antiguo Testamento; y el profeta Ezequiel se escondió tras un arbusto de enebro cuando era perseguido por la reina Jezabel. En el antiguo Egipto, un papiro del año 1500 a. C. recoge una receta elaborada con enebro, recomendada para expulsar la lombriz solitaria del cuerpo. El enebro se ha utilizado durante mucho tiempo en todo el mundo para embalsamar y, desde los pueblos originarios americanos hasta los escoceses en sus ceremonias gaélicas, la utilizan tradicionalmente en Año Nuevo para expulsar los espíritus y purificar.

Las cualidades purificadoras del aire del enebro hacen que a veces se queme para favorecer el sueño. Su capacidad para provocar contracciones en el útero puede haber hecho que se usara como abortivo, y la expresión escocesa «dar a luz bajo el *savin*» (*savin* significa «extracto de enebro») es un eufemismo para referirse a un aborto inducido.

CEREMONIA

Saining

El *saining* (sahumerio) es una ceremonia escocesa de purificación y bendición en la que se utiliza enebro. La palabra *sain* proviene del gaélico escocés y, quizá, del término escocés para el enebro, *samh*. También está relacionada con la voz gaélica *sén*, que significa «amuleto protector». Es posible que esta tradición se iniciara debido al fuerte aroma de la madera de enebro. Los registros escritos se remontan al siglo XI, pero es posible que sea aún más antigua. La madera se quemaba dos veces al año, una en las hogueras de verano, para bendecir las cosechas y el ganado, y otra en pleno invierno, para honrar el más allá y limpiar la casa en una época en la que era común que aumentaran las enfermedades. En verano se animaba a los jóvenes a saltar sobre las fogatas, y el salto más alto marcaba la altura probable de la cosecha de cereales de ese año. La Iglesia desaprobaba en cierta medida estas ceremonias y, a partir del siglo XVI, se intentó prohibirlas.

En Año Nuevo, por otro lado, se rociaba toda la casa con agua recogida en el vado de un río antes de llevar el humo de la quema de enebro a todas las habitaciones para purificarlas para el año venidero. Algunas recetas especifican que el humo debe llenar las habitaciones hasta que los habitantes empiecen a toser, solo entonces se considera que el trabajo está completo. La folclorista y sufragista escocesa F. Marian McNeill (1885-1973) describió estas prácticas en sus libros.

CAJEPUT

Melaleuca cajuputi

El cajeput pertenece al género de árboles aromáticos australianos cuya corteza, parecida al papel, se desprende, y de los que también se extrae el aceite de árbol de té. El aceite de cajeput es menos conocido que el de árbol de té, pero muy apreciado en el sureste asiático, donde se usa como antiséptico, analgésico y en el ungüento favorito de la región, el bálsamo de tigre.

Ti es el nombre común maorí y samoano de las 300 plantas del género *Melaleuca*, casi todas ellas únicamente autóctonas de Australia. La fragancia de las hojas se denomina «alcanforada» porque el olor que desprenden pertenece a la misma familia química que el alcanfor, muy similar al aroma de las coníferas. Se cree que el aceite tiene propiedades calmantes para la piel, especialmente para las afecciones causadas por insectos, piojos o infecciones fúngicas, como la tiña.

Los miembros del género *Melaleuca* tienen cortezas fibrosas muy utilizadas por los pueblos originarios de Australia para elaborar desde balsas hasta vendajes y sudarios. Algunas especies se quemaban para ahuyentar los mosquitos, y las hojas se trituraban para extraer sus aceites, que se inhalaban para despejar las vías respiratorias y aliviar la tos y los resfriados.

Fueron los holandeses quienes, a principios del siglo XVIII, identificaron el aceite de cajeput como producto comercial europeo en potencia. Tenía gran reputación como panacea, ya que se consideraba un remedio para una amplia variedad de dolencias. Sin embargo, su aroma es probablemente conocido sobre todo por el bálsamo de tigre, un producto de marca creado originalmente en la década de 1870 en Rangún (Birmania), por un herbolario chino emigrado llamado Aw Chu Kin. Hoy en día, el bálsamo de tigre es una mezcla de mentol, alcanfor, menta, clavo y cajeput, y el producto sigue generando cientos de millones de dólares en ventas al año, además de inspirar los Jardines del Bálsamo de Tigre, una de las atracciones turísticas más extrañas y menos conocidas de Singapur.

Los bundjalung, pueblo originario de Australia, han utilizado el aceite de árbol de té como medicina tradicional durante siglos, y existen relatos que hablan de «lagos curativos», charcas en las que habían caído hojas de *Melaleuca*, y cuya agua se consideraba medicinal. Tras la Segunda Guerra Mundial, el entusiasmo por los antibióticos provocó que el mérito de los remedios naturales declinara. Sin embargo, en la década de 1970, la balanza comenzó a inclinarse hacia el otro lado, y hoy en día hay plantaciones de *Melaleuca* en Australia, Indonesia y Vietnam. El árbol del té se sigue empleando para elaborar desinfectantes para manos, desodorantes y repelentes de insectos, así como un medicamento tradicional para tratar el acné.

CAPÍTULO 7

MITIGAR EL DOLOR

Antes de la llegada de la medicina moderna, había muchos padecimientos contra los que el ser humano poco o nada podía hacer. Desde el dolor de muelas hasta los dolores de parto, había pocas soluciones reales para los dolores cotidianos.

Las pocas plantas que presentaban alguna solución eran muy apreciadas. Y quienes sufrían dolor llegaban a creer que habían sido objeto de una maldición, castigados por los dioses o afligidos por demonios. El miedo a que el dolor no desaparezca jamás sigue siendo hoy en día un potente amplificador de las propias sensaciones de dolor.

El dolor existe por una razón principal: nos alerta de lesiones o enfermedades y nos indica cuándo debemos bajar el ritmo o cuándo algo nos sienta mal. Eliminar el dolor no solo siempre tiene un coste, sino que es peligroso ignorar sus señales. Desde el principio, la potencia de los analgésicos tuvo que equilibrarse con sus riesgos. En el antiguo Egipto, el papiro más antiguo que se conoce sobre temas quirúrgicos muestra que, en 1500 a. C., el tratamiento del dolor ya constituía una gran preocupación para médicos y pacientes. En 48 casos clínicos descritos en un papiro de 5 m de largo, los escribas dejaron anotados tratamientos para diversos tipos de lesiones traumáticas, lo que sugiere que el autor original podría haber tenido experiencia en el tratamiento de heridas de guerra. Sin embargo, se encontraron pocos remedios. La amapola y la mandrágora, altamente tóxicas, eran dos de las principales posibilidades, si bien ambas tenían sus peligros.

El galeno Hipócrates (460-370 a. C.), que da nombre al famoso juramento médico, fue el primero en utilizar la palabra *anestesia* y relacionarla con la idea de *analgesia*, la incapacidad de sentir dolor. Hipócrates utilizaba tanto la adormidera (*Papaver somniferum*) como la corteza de sauce como recetas para aliviar el dolor. Esta última ya se consideraba un remedio en la antigua Mesopotamia. Desde entonces, la mayoría de los herbarios han incluido ambas plantas para este propósito. Sin embargo, la teoría general de los griegos sobre el dolor era que este resultaba de un desequilibrio de los humores que componen el espíritu humano, y que las plantas se podían administrar para recobrar ese equilibrio. Tal vez

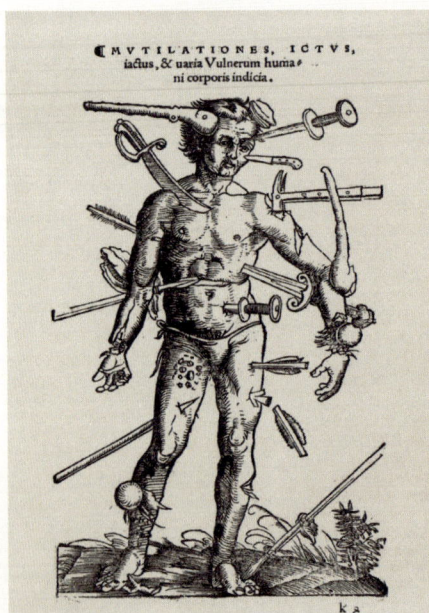

Izquierda: ilustración del siglo XVI que muestra diversas heridas y lesiones, así como sus causas.

Derecha: un hombre con gota bebe vino y toca el violonchelo; el diablo le quema la rodilla, representando el dolor abrasador de esta enfermedad (grabado de 1785, por H. W. Bunbury).

algunos médicos holísticos actuales estarían de acuerdo con este modelo.

En el siglo XVI, los europeos llevaban mucho tiempo empleando el opio y sus derivados como analgésicos. Los cirujanos utilizaban a veces lo que se denominaba una «esponja soporífera», una esponja impregnada en una mezcla de opio, mandrágora, cicuta y beleño. La persona operada se colocaba la esponja en la cara con la esperanza de aliviar parte del insoportable dolor al quedar prácticamente «inconsciente». Además, los filósofos comenzaron a interrogarse acerca de la experiencia del dolor. René Descartes, en Francia, se interesó por la realidad del dolor en un «miembro fantasma» (un miembro que le ha sido amputado a una persona que sigue «sintiendo» dolor en el mismo). Descartes argumentó que debía existir una «vía del dolor» por la que se transmitían los mensajes, y utilizó la metáfora de una cuerda que hace sonar una campana.

Pronto, los farmacólogos comenzaron a investigar cómo mejorar la capacidad analgésica del opio. La morfina se aisló por primera vez en 1804, pero rápidamente se reconoció que era aún más adictiva. Una de las necesidades urgentes de alivio del dolor se daba en el campo de batalla, especialmente porque la creciente innovación en el armamento causaba lesiones cada vez más graves. Se estima que unos 400 000 soldados con traumas físicos y mentales habían adquirido hábitos de consumo de opio después de la guerra de Secesión estadounidense. Por otro lado, ya desde finales del siglo XIX aumentó el número de personas que acudían a los tribunales para interponer demandas por accidentes ferroviarios o de otro tipo; y los abogados argüían si los demandantes realmente sentían dolor o solo iban tras una indemnización económica.

Siempre ha existido cierta tensión entre el deseo de aliviar el dolor y el conocimiento de los peligros de la adicción de ciertos analgésicos. A veces, las autoridades solo se preocupaban por el consumo excesivo. En Perú, en 1551, los obispos católicos recién impuestos por España intentaron prohibir el uso de la hoja de coca, que veían como un obstáculo para poder predicar el cristianismo. La medida causó tal revuelo que se echaron atrás, y se conformaron con limitar la cantidad de tierra destinada a su cultivo.

Otra planta analgésica que circulaba por la Europa victoriana era la coca, hoy conocida también por ser la materia prima a partir de la cual se produce la cocaína. Las hojas de coca infusionadas en vino se convirtieron en una bebida de moda, desarrollada por un químico corso llamado Angelo Mariani, que bautizó su tónico patentado con su propio nombre. La cocaína también se identificó rápidamente como anestésico local muy valioso para la cirugía ocular y dental, y su uso se extendió a partir de la década de 1860. Sigmund Freud, que la tomaba con regularidad, escribió un artículo que era, según sus palabras, «un himno de alabanza a esta sustancia mágica». Además, fue elegida como uno de los ingredientes originales de una nueva bebida estimulante, la Coca-Cola.

La empresa farmacéutica Merck comenzó a producir la nueva «droga milagrosa», la cocaína, a principios de la década de 1860. Se recetaba a soldados que habían desarrollado adicción a la morfina tras la guerra de Secesión estadounidense…, otro ejemplo de cómo una adicción se sustituye por otra. Cuando los científicos de Bayer solicitaron la patente de un nuevo analgésico basado en la morfina de la adormidera, la diamorfina, con la marca comercial Heroína, poco podían sospechar lo adictivo que sería su nuevo invento. Más recientemente, en la década de 1990, el OxyContin, alabado por sus creadores, Purdue Pharma, por su falta de potencial adictivo, provocó otra crisis de opioides, la cual generó demandas judiciales contra Purdue Pharma.

Al mismo tiempo que los científicos desarrollaban nuevos analgésicos, los investigadores trabajaban sin descanso para comprender qué es realmente el dolor. Maximilian von Frey y Alfred Goldscheider impulsaron los avances al describir cómo diferentes sensaciones —tacto, calor, frío y dolor— parecían ser percibidas por diferentes partes de la piel. Los científicos comenzaron a comprender que existe un umbral del dolor por encima del cual se envían mensajes al cerebro. Más tarde se desarrollaron los anestésicos, en forma de éter y cloroformo.

Si bien la medicina ha resuelto en parte la cuestión de cómo silenciar el cuerpo durante procedimientos urgentes, el dolor crónico sigue siendo difícil de gestionar. La ansiedad por la falta de control sobre el dolor intensifica la experiencia del paciente. Hoy en día, el dolor es un campo de investigación muy amplio, que incluye a expertos de la Asociación Internacional para el Estudio del Dolor, y también dispone de sus propias revistas de investigación. La pérdida de calidad de vida debida al dolor crónico motiva a quienes lo padecen a seguir buscando respuestas. Sin embargo, los aspectos psicológicos y físicos del dolor siguen siendo difíciles de desentrañar, y quienes lo padecen pueden sentirse muy frustrados y temerosos ante la falta de esperanza de una vida sin dolor.

Derecha: anuncio de «Hall's Coca Wine: the elixir of life» («Vino de coca de Hall: el elixir de la vida»), una de las nuevas bebidas «revitalizantes» que contenían la planta analgésica coca (cuyo alcaloide psicoactivo es la cocaína).

ROMERO

Salvia rosmarinus

El romero es una de las plantas aromáticas más apreciadas. Originaria del Mediterráneo, de aspecto erguido y poseedora de aceites volátiles muy aromáticos, típicos de muchas plantas de la región, se extendió por Europa con los huertos medicinales de los monasterios y la expansión del cristianismo. Se considera que el romero mejora el estado de ánimo y la salud mental y que alivia el dolor, por lo que constituye un elemento importante en muchos tratamientos de masaje deportivo.

El término *romero* proviene del latín *ros*, que significa «rocío», y *marinus*, que significa «del mar»: rocío del mar. Durante las épocas de peste, era un ingrediente de la decocción llamada «vinagre de los cuatro ladrones», un vinagre impregnado de hierbas que se creía que protegía de las enfermedades mortales. Cuenta la leyenda que esa receta la obtuvieron de cuatro malhechores parisinos sorprendidos robando a los muertos, cuando se les preguntó cómo habían logrado sobrevivir a un acto tan peligroso.

Es cierto que el romero tiene propiedades purificadoras y que se ha utilizado en perfumes desde al menos la aparición del tónico llamado agua de Hungría, hacia finales del siglo XIV. Es una de las primeras esencias con base de alcohol, y es posible que se desarrollara como respuesta a la peste negra. No solo se usaba como perfume, sino que también se administraba para curar el dolor de muelas y los acúfenos y como limpiador facial purificante.

También se ha observado que el romero ayuda a combatir la distracción mental. En el cuento español «La ramita de romero», el héroe recupera milagrosamente la memoria perdida tras ser tocado con una ramita aromática de esta planta. Y el clásico *Don Quijote* se hace eco (de forma paródica) de la historia medieval épica de Fierabrás y Balán, quienes conquistan Roma y roban dos barriles del bálsamo prodigioso que supuestamente se usó para el cadáver de Cristo tras su crucifixión. El Quijote está convencido de que ha recuperado la receta y toma una mezcla de vino, sal y romero (el «bálsamo de Fierabrás»), hasta que vomita. Existen pruebas de que es posible sufrir una sobredosis de romero, por lo que sus cualidades deben considerarse con precaución.

El romero es un potente antifúngico y antiviral, y se considera útil para reducir los niveles de estrés del organismo. Sus aceites esenciales energizantes pueden ayudar a la concentración y aumentar la atención en el momento presente. En estudios de laboratorio, se ha observado que el romero inhibe los ovillos de tau, proteína implicada en el alzhéimer. En cerebros normales, se cree que aumenta el estado de alerta mental y, en algunas pruebas, incluso se ha visto que mejoraba las calificaciones de estudiantes que respondían a preguntas de matemáticas.

REMEDIO TRADICIONAL

Vinagre de los cuatro ladrones (del Museo de París)

En un litro y medio de vinagre blanco fuerte, añadir un
puñado de cada uno de los siguientes ingredientes: ajenjo,
ulmaria, mejorana silvestre y salvia, 50 clavos aromáticos,
dos onzas de raíces de campanula, dos onzas de angélica,
romero y marrubio y tres medidas grandes de alcanfor.
Dejar reposar la mezcla en un recipiente durante 15 días,
colar y exprimir, y luego embotellar. Usarlo frotándolo
de vez en cuando en manos, orejas y sienes de quien se
acerque a una víctima de la peste.

AMAPOLA

Papaver somniferum

La amapola es una planta ornamental de jardín, con un follaje gris verdoso
pálido muy plumoso y elegantes tallos florales que cuelgan hasta que se abre
la flor, que es vistosa y con volantes. La variedad doble de jardín *P. somniferum*,
variedad *paeoniflorum*, es especialmente atractiva. La cápsula de la flor de esta
amapola (o adormidera) sigue siendo la principal fuente natural de opiáceos,
uno de nuestros analgésicos más potentes.

El ser humano conoce las propiedades de la adormidera desde hace al menos cinco mil años. En textos sumerios se la denominaba *Hul Gil*, que se traduce como «la planta de la alegría», y su nombre en latín es *Papaver somniferum*, dado «que induce el sueño». Para recolectar la potente medicina que contiene la amapola, se espera a que caigan los pétalos de la flor y, luego, se hace un corte en las cabezas de las semillas inmaduras, de color azul verdoso, dejando supurar un jugo espeso y blanco, conocido como látex. A continuación, las cabezas de amapola se dejan al sol, para que el látex se seque y forme una resina marrón que se puede recolectar para su procesamiento y venta.

Las amapolas son originarias de las regiones más secas del Mediterráneo. Se han hallado cápsulas de semillas en yacimientos rupestres del sur de España que datan del 5500 a. C., y hay vestigios de adormidera en Polonia desde la Edad del Hierro. Hipócrates la mencionó en 460 a. C., y después fue introducida en China, donde se convirtió en una planta muy importante para el comercio. Desde finales de la época romana, el opio chino se comercializaba en Europa a través de las vías orientales conocidas como la Ruta de la Seda.

Otras especies están estrechamente relacionadas con la *P. somniferum* y también tienen propiedades analgésicas, si bien más suaves. Se cree que la amapola común (*Papaver rhoeas*), originaria de Europa, posee cualidades sedantes y se ha utilizado tradicionalmente para tratar la tos. La infusión de amapola común ha sido un remedio popular europeo desde la Edad Media.

El control del cultivo de la adormidera es hoy en día un tema polémico, y los cultivos legales para uso medicinal se realizan principalmente en la India, Turquía y Tasmania. El cultivo ilegal en Birmania y Afganistán se destina en su mayor parte al tráfico ilícito de drogas, pero utiliza métodos casi idénticos a los del cultivo legal: al fin y al cabo, las plantas deben sembrarse, cultivarse y cosecharse a mano de la misma manera. Hoy en día, las empresas farmacéuticas utilizan compuestos alcaloides de la amapola como precursores para elaborar fármacos en condiciones de laboratorio, por lo que se han cultivado diferentes variedades de amapola para maximizar los requisitos medicinales específicos.

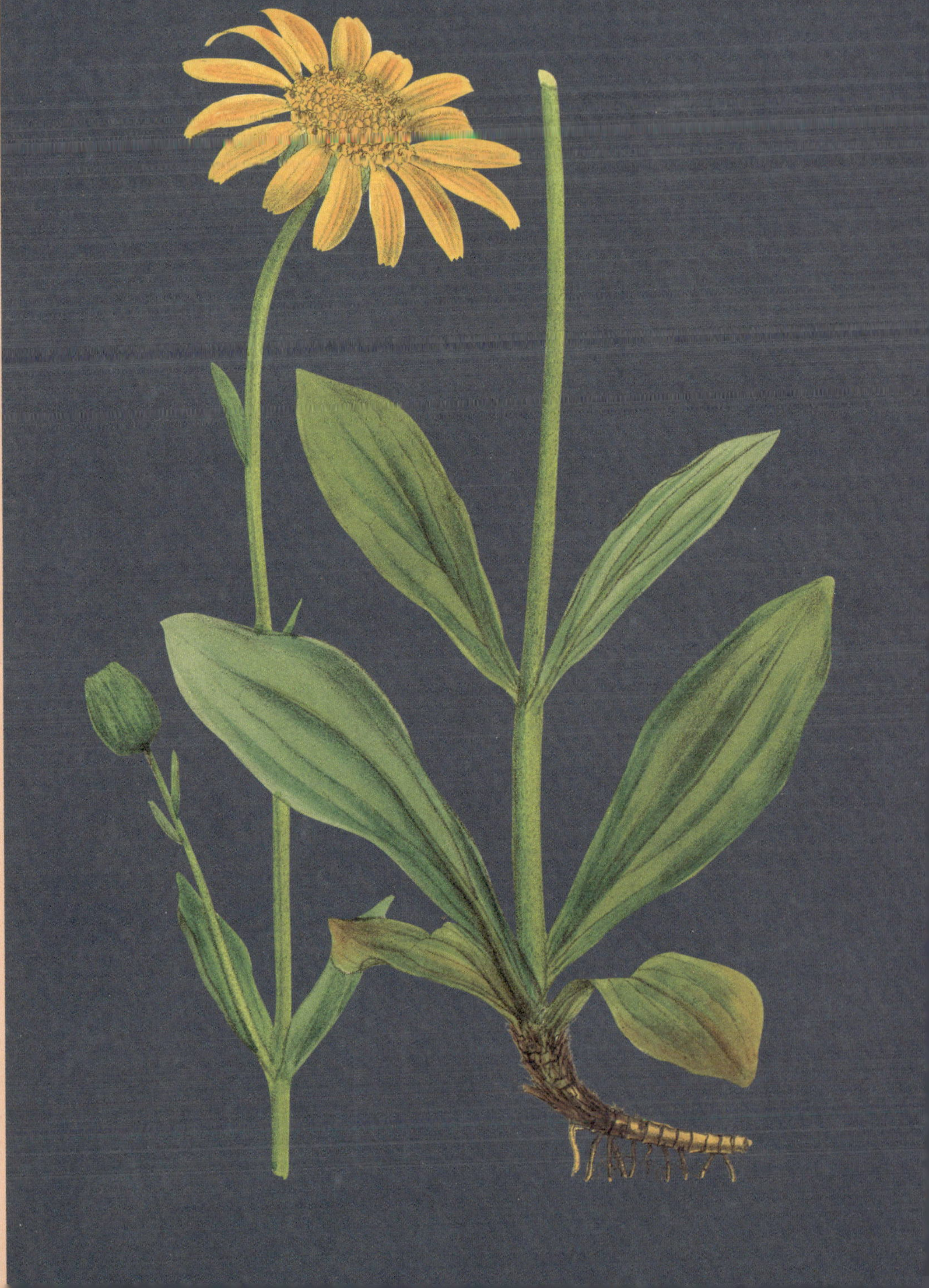

ÁRNICA

Arnica montana

La *Arnica montana*, probablemente el remedio homeopático más famoso, pertenece a la familia de las margaritas. Sus flores son amarillas, estrelladas y dulces. Tomada por vía oral es tóxica, y puede causar daños cardíacos y hepáticos. Sin embargo, se ha utilizado en la medicina popular durante cientos de años por vía tópica para aliviar el dolor muscular, la fiebre, los esguinces y los hematomas.

Al parecer se empezó a usar la árnica tras observar que las cabras montesas masticaban esta planta cuando se lesionaban. En alemán, su nombre es *Fallkraut* («hierba para caídas»), lo que sugiere los usos por los que acabaría siendo conocida. Las hojas de la árnica tienen un olor muy particular cuando se machacan, un poco parecido al de la salvia, lo que le ha valido nombres como el de «tabaco de montaña» y «estornudadera».

La árnica se utiliza a menudo con fines medicinales, en forma de cataplasma, empapada en agua y aplicada sobre la zona afectada. En un herbario publicado por el médico personal del conde palatino en 1625, se lee: «Se usa para quienes se han caído o se han hecho daño mientras trabajaban». Pero la árnica también se consideraba un remedio protector a base de hierbas; así, en Noruega se esparcía en pleno verano por los campos para ahuyentar a un monstruo llamado Bilwis, un demonio del maíz que cortaba maliciosamente el trigo en crecimiento justo antes de la cosecha.

Este uso se extendió finalmente a la protección del hogar, ya que se consideraba que la planta creaba una barrera mágica.

Sin embargo, pronto la árnica alcanzaría fama en el campo de la homeopatía como remedio singular. Si bien ha adoptado algunos remedios más antiguos, la homeopatía se inició en 1796, cuando Samuel Hahnemann (1755-1843), un joven médico en apuros de Meissen, creyó haber descubierto cómo funcionan los medicamentos. Hahnemann sostenía que se podía lograr una curación satisfactoria tomando medicamentos que indujeran una versión muy leve de los síntomas de la enfermedad, es decir, «lo similar cura lo similar».

Aunque la eficacia de la árnica es discutible, hoy sigue considerándose especialmente útil para contusiones y esguinces, como un «botiquín de primeros auxilios a base de una sola hierba». El pensador alemán Goethe siempre bebía té de árnica en su vejez para aliviar diversos dolores. Hoy en día, en muchos hogares, especialmente en Europa Central, nunca falta como remedio para tratar lesiones cotidianas en los niños.

En la última década, el *Arnica montana* también se ha investigado por su capacidad para reducir los efectos adversos de la cirugía plástica, como los rellenos y los neuromoduladores inyectables, como el bótox.

REINA DE LOS PRADOS
Filipendula ulmaria

La ulmaria crece en los márgenes de los pastos y en zanjas húmedas donde sus raíces pueden estar frescas, y destaca por su distintiva nube espumosa de flores de dulce fragancia. Durante siglos se ha utilizado para preparar infusiones analgésicas. También se esparcía por el suelo ante figuras tan poderosas como la reina Isabel I de Inglaterra, con el fin de perfumar sus habitaciones con los agradables aromas de la llamada «reina de los prados».

La ulmaria tiene muchos usos tradicionales: como diurético para tratar a pacientes con infección de vejiga y para purificar su organismo. En las culturas celtas, los druidas la consideraban una de las plantas más sagradas. Más adelante, los anglosajones la empleaban para dar sabor a la hidromiel, y hoy aún se usa para endulzar infusiones de frutas. Hay quien la considera relajante: permite olvidar los problemas cotidianos y disfrutar de un sueño reparador.

En la mitología galesa reflejada en el *Mabinogion*, el rey Math y su hechicero Gwydion crean una mujer a partir de flores de roble, retama y reina de los prados, y la llaman Blodeuwedd («Cara de flor»), para un héroe al que le habían dicho que nunca podría casarse con una mujer humana. En este relato se basa el clásico libro infantil de Alan Garner *The owl service* («El servicio del búho»). En Gales, en el túmulo de la Edad de Bronce de Fan Foel, en Carmarthen, se encontró ulmaria junto a restos incinerados de tres personas. Posiblemente era uno de los ingredientes de la hidromiel dispuesto allí para acompañar y aprovisionar a los muertos en el más allá.

Se considera que la ulmaria refuerza el sistema inmunológico, y se tomaba tradicionalmente para tratar el malestar estomacal y la acidez. A veces se encontraba en recetas de pociones de amor, a pesar de que algunos describen su olor como similar al de un antiséptico. También se ha empleado para ahuyentar el eterno problema de los dolores de cabeza, lo que algunos consideran un uso incluso mejor que la preparación de pociones de amor eficaces.

A pesar de las leyendas que afirman que proviene de la corteza del sauce, la útil aspirina fue refinada por primera vez a partir de ulmaria, o reina de los prados. De hecho, el nombre comercial «aspirina» apunta al nombre latino original del género del arbusto, *Spiraea*, que ahora se ha dejado de lado en favor del término taxonómicamente más preciso *Filipendula*. Los compuestos en la planta pueden ayudar a reducir la inflamación. Y, en días felices, la reina de los prados también se incluye con frecuencia en los ramos de novia.

PIMIENTA NEGRA

Piper nigrum

Francis Buchanan-Hamilton, cirujano escocés que sirvió en buques de la Marina mercante en los mares del Sur, visitó la India por primera vez en la década de 1790, y observó que en las selvas la pimienta crecía silvestre, enroscándose en los árboles para alcanzar la luz. Hoy en día, la pimienta se cultiva de la misma manera, y los agricultores trepan por delicadas escaleras de bambú para recoger la cosecha.

La pimienta se cultiva y comercializa desde el segundo milenio a.C. La histórica ciudad de Muziris, en Kerala (India), se menciona como importante centro en relación con diversas rutas comerciales. La pimienta era un elemento importante en los procesos de momificación utilizados por los antiguos egipcios. Los arqueólogos encontraron granos de pimienta negra metidos en las fosas nasales del rey Ramsés II, fallecido en 1213 a.C.

Existen testimonios escritos que indican la antigüedad del comercio de la pimienta. Hacia el siglo V a.C., la zona que se extiende desde el Cuerno de África hasta Arabia pasó a conocerse como el mar Eritreo, y el autor anónimo de la guía *Periplus* (que en griego significa «navegación») describió los distintos puertos y rutas del océano Índico, muchos de los cuales eran puertos de pimienta. Plinio el Viejo, naturalista romano, se quejaba de la cantidad de dinero que salía de Roma para pagar la pimienta, una especia esencial para sus compatriotas. De hecho, llegó a ser tan valiosa que en algunos casos se utilizó como moneda.

Los granos de pimienta pueden ser blancos, verdes o negros, dependiendo tanto de su grado de madurez en el momento de la recolección como del método de preparación utilizado tras la cosecha. Plinio el Viejo describió el proceso de cada color tal y como se vendía en Roma hacia el año 77 d.C. Cada uno contiene una cantidad de piperina y de compuestos aromáticos diferente, especialmente el limoneno y el pineno. Hoy es la especia más comercializada en todo el mundo, y Vietnam es el mayor productor.

Siempre se ha sugerido que la pimienta es antimicrobiana y que se utilizó por primera vez para evitar que la carne se echara a perder. Se empleaba como medicina contra las llagas bucales y el dolor de muelas, y era uno de los pocos medicamentos que los monjes budistas tenían permitido llevar encima. El ayurveda recetaba pimienta negra y miel para intentar aliviar la congestión bronquial, y en Occidente se elabora la «sidra de fuego» con el mismo objetivo.

En Inglaterra existe un término jurídico denominado *peppercorn rent*, es decir, el pago simbólico de un alquiler que, en este caso, se haría con un grano de pimienta. En la misma línea, en las islas Sorlingas, el alquiler de prados de flores, en cambio, se pagaría con un narciso.

CHILE
Capsicum

El nombre latino del chile, *Capsicum*, evolucionó del término griego para «morder» o «picar». Chile, en cambio, es el nombre de la planta en náhuatl clásico, la lengua de los aztecas que la cultivaron por primera vez. Los coloridos frutos contienen compuestos de sabor fuerte y muy picante, y uno de ellos se utiliza para aliviar algunos tipos de dolor.

El ser humano descubrió en la prehistoria que cocinar con chiles cambiaba drásticamente la sensación al comer, y así fue como se extendió el uso de esta planta por todo el mundo. Los aztecas empleaban el chile para dar sabor a las bebidas de chocolate, y, hoy, en Italia todavía se pueden probar juntos en un helado de chocolate con sabor a chile llamado *lucifero*.

El sabor picante del chile lo determinan unos compuestos llamados capsaicinoides, que crean la sensación de calor al interactuar con ciertos receptores en la boca. La capsaicina puede ser una neurotoxina, si bien estructuralmente está relacionada con la vainilla, que es mucho más inofensiva.

Cuando el chile se trajo de América Central y del Sur, los herboristas de Jamaica lo preparaban con vino de Madeira, pepino y cebolla para elaborar una bebida que se consideraba protectora contra las fiebres tropicales, como la malaria. Un aspecto más insólito es el descrito en el códice Linzbauer, un manuscrito que data de finales del siglo XVIII, y que afirma que los serbios, quienes «sazonan profusamente sus alimentos con pimienta roja turca», no son, en consecuencia, «propensos al vampirismo».

No es casualidad que la capsaicina, el ingrediente activo más importante del chile, fuera aislada por primera vez en 1878 por el científico húngaro Endre Högyes: al fin y al cabo, el pimentón es un ingrediente esencial en la cocina húngara. Los chiles para el pimentón eran seleccionados especialmente por expertos molineros para su mezcla, y la especia se presenta en al menos ocho variedades diferentes, que van desde delicada a dulce, pasando por picante y muy intensa.

En términos medicinales, el chile tiene poderosas cualidades analgésicas tópicas. Actúa «sobrecargando» los sentidos locales, engañando al cuerpo para que piense que el dolor ha desaparecido. A veces se recomienda para tratar el dolor en los nervios irritados afectados por el herpes zóster; y, en México, los barberos suelen utilizar chile recién cortado para ayudar a detener el dolor y el sangrado de los cortes de navaja. La escala de Scoville, que ahora se ve con frecuencia en las botellas de salsa picante, fue desarrollada en 1912 por un farmacéutico estadounidense, Wilbur Scoville, con el fin de clasificar la intensidad de sus ungüentos analgésicos a base de chile.

CLAVO
Syzygium aromaticum

El clavo de olor proviene del pequeño árbol *Syzygium aromaticum*, y se recoge cuando los atractivos capullos son de color rojo brillante, aún sin abrir, para secarlos después al sol tropical. Además de sus múltiples usos culinarios, el clavo se conoce desde la prehistoria por sus propiedades analgésicas.

El árbol del clavo pertenecen a la familia de las mirtáceas, que comprende numerosas plantas con aceites esenciales aromáticos, como el eucalipto, la pimienta de Jamaica, el árbol de té y el mirto. Los clavos son pequeños capullos que se secan hasta adquirir una apariencia similar a la de pequeños clavos.

El clavo se ha usado en la cocina durante siglos, en Asia, África, Oriente Próximo y Europa, y tanto para condimentar los alimentos como para ayudar a prevenir su deterioro. En Malasia se considera uno de los «cuatro hermanos», o *rempah empat beradik*; los otros tres son la casia, la canela y el anís estrellado. En América, el clavo es —junto con la canela, el jengibre y la nuez moscada— un ingrediente esencial en la mezcla otoñal de especias elaborada para el pastel de calabaza.

Los indicios arqueológicos sugieren que el comercio del clavo de olor se inició en su lugar de origen, las islas Molucas. Desde allí, los navegantes austronesios atravesaban el océano Índico y recorrían lo que hoy se conoce como la Ruta Marítima de la Seda. Se han encontrado clavos en excavaciones en Siria y China. En un lugar de enterramiento junto a un convento bretón en Francia se

ha visto que esta especia también formaba parte de la receta de embalsamamiento del siglo XVII, utilizada para rellenar la cavidad cardíaca.

El eugenol es un fitoquímico presente en el clavo, pero también en la canela, la nuez moscada y las hojas de laurel. Las potentes propiedades analgésicas del eugenol se identificaron pronto, pero esta sustancia química era demasiado tóxica para usarla en anestesia, por lo que la ciencia investigó compuestos similares.

El aceite de clavo se ha utilizado sobre todo con fines medicinales en casos de emergencias dentales, pues parece ayudar cuando hay mucho dolor. A veces se emplea en empastes temporales, ya que proporciona un efecto antimicrobiano natural contra las problemáticas bacterias. También es útil para tratar la alveolitis seca, una afección dolorosa que a veces se desarrolla después de la extracción de un diente. El Alveogyl, un tratamiento comercial de éxito utilizado para calmar y curar los casos de alveolitis seca, está diseñado para proporcionar a la encía una matriz sobre la que cicatrizar, e incluye eugenol y fibras de helecho de montaña de Sumatra, o *penghawar djambi*.

COMINO
Cuminum cyminum

El comino es un elegante miembro de la familia de la zanahoria y del perejil, con tallos que crecen recios y sostienen estrellas de flores blancas que se despliegan. Es una especia omnipresente en la cocina india, y ya se utilizaba en la antigüedad como alivio para la indigestión y otros problemas digestivos, con sus consiguientes dolores y molestias.

El comino da carácter a los platos de Oriente Próximo, África Oriental y, en la era moderna, México y otros países sudamericanos. Su sabor amargo pero ácido, casi alimonado, aromatiza algunos panes franceses, así como la mezcla de especias egipcia *dukkah*, el queso holandés, el chile con carne, los tamales y muchos platos indios como el korma y las masalas. También contribuye al sabor de la sopa angloindia *mulligatawny*.

Esta especia proviene de las semillas de la planta *Cuminum cyminum* , cuyo origen se sitúa en algún lugar entre el Mediterráneo y Asia central, pero que ahora se cultiva tan extensamente que se ha perdido su origen silvestre. Su nombre sánscrito significa «que favorece la digestión». Además, el comino aparece mencionado por primera vez en recetas del papiro Ebers, un herbario egipcio que data aproximadamente de 1500 a.C., y en el que se recomienda mezclar comino con grasa de oca y leche para aliviar el dolor abdominal.

En una excavación en Atlit Yam, un pueblo neolítico totalmente sumergido frente a la costa de lo que hoy es Israel, unos arqueólogos subacuáticos hallaron semillas de comino. En el pueblo también había montones

de pescado, lo que sugiere que fue abandonado repentinamente, posiblemente tras un tsunami causado por el colapso de uno de los flancos del Etna hace unos 8500 años. El comino también se menciona en el evangelio según san Mateo, en el Nuevo Testamento, donde se censura a los fariseos por pagar diligentemente la décima parte de sus ingresos en especias, incluido el comino, pero no practicar la justicia y la misericordia.

Aparece como medicina en los primeros herbarios clásicos, incluidos los de los médicos griegos Hipócrates y Dioscórides. En el ayurveda, que lo conoce como *jeera*, se ha utilizado para tratar problemas digestivos. El comino también se ha incorporado a una mezcla ayurvédica junto con otras plantas medicinales, destinada a mejorar los niveles de azúcar en sangre de los diabéticos no insulinodependientes.

Como muchas otras plantas, el comino contiene flavonoides, que son antioxidantes y ayudan a revertir el daño causado al organismo por los radicales libres. También contiene otros aceites aromáticos llamados «volátiles», que le dan su aroma característico en la cocina. Además, es sorprendentemente rico en hierro, ya que una cucharadita aporta entre el 15 y el 20 % de las necesidades diarias.

CAPÍTULO 8

ESTIMULAR LA LIBIDO

Culturalmente, las cuestiones sexuales se han tratado con frecuencia en el ámbito de lo privado. Sin embargo, pueden llegar a ser de las más urgentes que experimentemos. Desde la preocupación por el rendimiento sexual hasta el deseo de mayor fertilidad, quizá todos los seres humanos hemos necesitado en alguna ocasión ayuda en estos aspectos.

Desde la antigüedad, los herbarios y las antologías de sabiduría médica contienen recetas para «despertar el deseo sexual» y concebir hijos de un sexo determinado.

El inicio de todo es la atracción. Desde hace milenios, las granadas tienen la fama de despertar el amor, al igual que el chocolate, elaborado a partir de las semillas del cacao y valorado por los aztecas por sus propiedades afrodisíacas. Se dice que Moctezuma bebía grandes tazas de chocolate antes de mantener relaciones sexuales, probablemente preparado al estilo azteca, con otras especias, como la vainilla y el chile. Y, cuando el cacao llegó a Londres a finales del siglo XVII, el rey Carlos II consideró brevemente la posibilidad de prohibir las chocolaterías por causar desorden social.

No obstante, en Europa, el chocolate fue una vía de acceso a la pasión. Madame de Pompadour lo mezclaba con ámbar para estimular la libido, y se sabe que tanto Casanova como el marqués de Sade, ambos famosos libertinos, disfrutaban bebiéndolo. Y, en el Japón moderno, quienes regalan chocolate deben elegir sabiamente entre varias opciones: el chocolate de la amistad, *tomo-choko*, y el chocolate de los sentimientos verdaderos, *honmei-choko*, transmiten mensajes totalmente diferentes al destinatario.

El *ginkgo*, del que se habla en el capítulo «Para alterar la mente» (pp. 76-77), también se dice que aumenta el flujo sanguíneo a los genitales y estimula la función sexual. Los seres humanos se han visto a veces tan desesperados por cambiar su destino sexual que han probado sustancias venenosas con la esperanza de obtener efectos potentes. La llamada «miel loca», que proviene de rododendros indios y turcos, se ha considerado durante mucho tiempo un vigorizador de la función eréctil. Sin embargo, contiene una potente neurotoxina que puede causar confusión y problemas cardíacos.

Más hacia el ecuador, el yohimbe es un preparado de corteza del *Corynanthe johimbe*, un árbol de hoja perenne originario de África central, especialmente de Camerún. El yohimbe presenta un dilema similar al de la miel loca: sus propiedades como estimulante sexual son muchas, pero también ha sido objeto de repetidas llamadas al Centro de Control de Envenenamientos de Estados Unidos, con pacientes que presentan taquicardia, un ritmo cardíaco acelerado. Mientras tanto, a pesar de su toxicidad, los compuestos activos están disponibles como medicamento con receta en Estados Unidos: el clorhidrato de yohimbina se usa en medicina veterinaria para despertar a los animales de la anestesia. La Agencia Mundial Antidopaje, que realiza pruebas a deportistas, lo encontró una vez en la sangre de un futbolista catarí, Ali al Mohadanni, que lo había comprado en un supermercado local. Otro posible afrodisíaco, el *Epimedium*, se conoce comúnmente como «hierba de la cabra en celo» o «hierba de la

Derecha: el Niño Jesús lanzando flechas al corazón del creyente para vencer el fuego de la lujuria (grabado de Antonie Wierix, *c.* 1600).

Sat est, IESV, vulnerasti,
Sat est, totum penetrasti
Sagittis ardentibus.

Procul, procul hinc libido:
Nam cælestis hic Cupido
Vincet ignes ignibus.

Anton. Wierx fecit et exc.

impotencia», nombres muy elocuentes. En China se llama *yin yang huo* y se utiliza para garantizar lo que se denomina, con mucho tacto, la «salud sexual masculina».

En América del Sur, la maca *(Lepidium meyenii)*, conocida también como *ginseng* peruano, proviene de una pequeña planta perenne que produce una raíz tuberosa rica en nutrientes. Se parece a la chirivía, pero está más emparentada con la mostaza y el berro (utilizado en los sándwiches de huevo y berro). Crece en los Andes, a unos 4000 m sobre el nivel del mar, y la descubrieron por primera vez para la ciencia los misioneros españoles. Hoy en día se planta principalmente en Perú y Bolivia, y los cultivos se fertilizan a menudo con estiércol de alpacas locales. Tradicionalmente, se consideraba que la maca aumentaba la fertilidad, tanto en humanos como en el ganado. Aunque se cultiva desde hace al menos dos mil años, su popularidad ha aumentado drásticamente en las últimas décadas debido a la creencia de que ayuda con los problemas de la libido y la fertilidad. Es especialmente popular en el mercado chino.

Además de su uso como afrodisíacos, las plantas también se utilizan para evitar embarazos. En muchos países modernos, los regímenes a base de hierbas siguen considerándose un método eficaz para el control de la fertilidad, en lugar de los anticonceptivos (aunque no hay pruebas científicas de su eficacia). En el pasado, para evitar embarazos, la tribu de los dakotas utilizaba la raíz de *stoneseed (Lithospermum ruderale)* y los ingleses comían las semillas de la zanahoria; hoy, en países que van desde Malasia hasta Sudáfrica, las mujeres siguen tomando decocciones de plantas para evitar embarazos.

Quienes esperan noticias positivas sobre un embarazo también pueden recurrir a las plantas. Durante siglos, el ser humano ha valorado remedios populares para garantizar la fertilidad femenina recomendados

Derecha: tríptico japonés en xilografía que muestra el desarrollo del feto a lo largo de las estaciones; a menudo se recurría a las comadronas para tratamientos botánicos de fertilidad.

Abajo: las granadas se han considerado durante mucho tiempo una fruta que despertaba sentimientos amorosos; ilustración de la *Encyclopaedia of Natural History*, de G. T. Wilhelm (1816).

por comadronas o curanderas. Estos solían incluir regaliz, mirra, angélica, genciana y enebro, entre otras plantas, y todas ellas se incluyeron posteriormente en el *Herbario completo de Culpeper* (1653). Culpeper quiso que su libro fuera una guía para lectores que no podían permitirse un médico, y fue un recurso tan importante que se convirtió en el segundo libro impreso en las nuevas imprentas de la América del Norte británica.

Hoy, quienes intentan seguir un tratamiento de fecundación in vitro (FIV) pueden ver los remedios a base de hierbas para la concepción como «menos agresivos» y utilizarlos para intentar moderar las exigencias físicas propias de esta técnica de reproducción asistida. Las náuseas y la acidez estomacal durante el embarazo también se tratan con hierbas, como el jengibre. Las mujeres jordanas comen pepinos y semillas de lentejas para combatir la acidez durante el embarazo.

Históricamente, después de dar a luz, a las mujeres se les podían administrar medicamentos a base de plantas para garantizar la expulsión adecuada de la placenta y para producir leche. En su obra *Herbario com-*

pleto de Culpeper, su autor escribió que las bayas de laurel provocaban la menstruación tras el alumbramiento, «un parto rápido y la expulsión de la placenta». Las hojas de col se recomendaban a menudo como remedio curativo para las infecciones mamarias posparto, y se recetaba fenogreco para aumentar la producción de leche. En las culturas ayurvédicas se ofrecía canela para ayudar a reducir el dolor de los desgarros del parto. Y la menta, de la que a menudo se dice que ayuda con las náuseas del embarazo, se consideraba útil para tratar tanto el dolor de la lactancia como los cólicos infantiles.

También se podía recurrir a las plantas cuando no se deseaba un embarazo. La ricina se considera purgante, y puede provocar abortos espontáneos. Lo mismo se dice de la *Artemisia* y de la *Inula*, que puede provocar el parto. El romero también se ha utilizado tradicionalmente con este fin, y en investigaciones recientes se ha descubierto que incluso las humildes semillas de alcaravea reducen las hormonas que mantienen el embarazo. De hecho, tanto el comino como el fenogreco se deben evitar hasta que sean necesarios para producir leche.

GINSENG
Panax

Ginseng es el nombre común del modesto grupo de plantas del género *Panax*, que crecen en suelos húmedos de bosque. Existen varias especies silvestres que se extienden desde Corea hasta el Himalaya, Rusia, Canadá y Estados Unidos. Linneo bautizó el género como *Panax*, inspirándose en la idea griega de panacea, aunque hoy en día uno de sus usos más importantes es el de mejorar la función sexual.

El *ginseng* se menciona por primera vez como sustancia medicinal en textos chinos de *c.* 200 d. C., como tónico para pacientes convalecientes. La prescripción seguía la llamada «doctrina de las signaturas», según la cual, la raíz del *ginseng*, al parecerse a un diminuto ser humano, es capaz de sanar el cuerpo al que se asemeja. La medicina tradicional china (MTC) ha valorado el *ginseng* por su capacidad para restaurar la falta de *qi*, la energía vital del cuerpo; las raíces de ciertos *ginsengs* contienen gran cantidad de ginsenósidos. A principios del siglo XVIII, cuando los sacerdotes jesuitas visitaron por primera vez la corte china, el padre Pierre Jartoux se atrevió a experimentar en sí mismo, y observó que su frecuencia cardíaca aumentaba y que «podía soportar mucho mejor el trabajo» que antes de tomar *ginseng*.

Hoy, el *ginseng* se prepara de diversas formas: el blanco se seca al sol, mientras que el rojo se cuece al vapor antes de secarlo. El blanco se receta para dar un impulso energético, y el rojo, para la falta de energía vital (*qi*) y de deseo sexual. La planta también se encuentra en la llamada «decocción de las siete bendiciones».

Además de en China, el *ginseng* crece en América del Norte, donde los nativos americanos lo empleaban para combatir la fiebre y los cólicos. Lo encontraban en forma silvestre en los bosques caducifolios, desde Manitoba, en el norte, hasta Florida. Los ojibwes lo usaban para aliviar el dolor. También era un buen negocio: en 1784, George Washington escribió: «Al pasar por las montañas, me encontré con varias personas y caballos de carga que cruzaban la montaña portando *ginseng*». Es muy posible que lo cargaran en un nuevo buque mercante, el *Chinese Queen*, adquirido para hacer la ruta entre los Apalaches y Cantón (Guangzhou).

Más tarde, tras la guerra de Secesión estadounidense, cuando los esclavos consiguieron la emancipación pero eran insolventes y a menudo analfabetos, muchos se dedicaron a buscar *ginseng* en los bosques para venderlo y así tener una fuente de ingresos. Lo mismo ocurrió cuando los mineros del carbón de Virginia Occidental se declararon en huelga. Hoy en día, el comercio sigue siendo tan provechoso que los cazadores furtivos recolectan las plantas en las montañas Humeantes del sureste de Estados Unidos, para venderlas en el mercado negro.

AGAVE

El agave es una planta grande, de color azul grisáceo pálido, formada por una roseta de hojas espinosas; es característica del paisaje árido americano, y a veces se denomina «la planta del siglo», por el tiempo que tarda en florecer. Era considerada medicinal por los pueblos originarios de América, desde los apaches del suroeste hasta los aztecas.

El ser humano ha empleado el agave desde tiempos prehistóricos para usos que van desde sujetar fibras hasta fabricar agujas de coser. Sin embargo, el agave es sobre todo famoso por la producción de alcohol: para sobrevivir a las épocas de sequía, sus hojas retienen agua y azúcares fermentables para elaborar bebidas alcohólicas, como el tequila.

Antes de la invención de esa potente bebida alcohólica, el agave se fermentaba para elaborar el pulque, una bebida sagrada y ceremonial definida por normas estrictas que la reservaban solo para determinadas personas. El pulque era un brebaje sagrado dedicado a la diosa Mayahuel, a menudo representada amamantando con el licor a sus 400 hijos conejos; cada uno de ellos, conocidos como los dioses de la embriaguez, representaba un aspecto de la borrachera, desde el bailarín ebrio hasta el dipsómano tan bebido que se cree capaz de volar.

Mayahuel emergió de los huesos de los muertos, lo que le confería una fuerte conexión con las ideas de renacimiento y fertilidad, y en la mitología se transformó en la planta de agave para eludir las atenciones sexuales de Patecatl, su marido. Sin embargo, esta bebida no era solo religiosa, sino que se les daba a los ancianos para reducir el «calor» que se creía que se acumulaba con la edad. Existen unas magníficas ilustraciones en el manuscrito azteca *Códice Mendoza*, que ahora se conserva en la Biblioteca Bodleiana de Oxford, en las que se ve a mujeres canosas bebiendo sorbos de cuencos llenos de la bebida.

Para un hombre que no hubiera tenido hijos varones, la medicina popular recomendaba preparar pulque a base de seis plantas y beberlo para garantizar que su siguiente vástago fuera varón. Y los arqueólogos que trabajan en yacimientos de la antigua civilización maya en la península de Yucatán (México) han hallado indicios de que el agave también se empleaba para tratar síntomas que parecían indicar cáncer.

También había la creencia de que las mujeres podían beberlo para ayudar con la menstruación y la lactancia. Hoy, a fin de fabricar productos asequibles para la menstruación, la Fundación Gates ha financiado en parte un proyecto relacionado con el *Agave sisalana*, que se cultiva por sus fibras absorbentes.

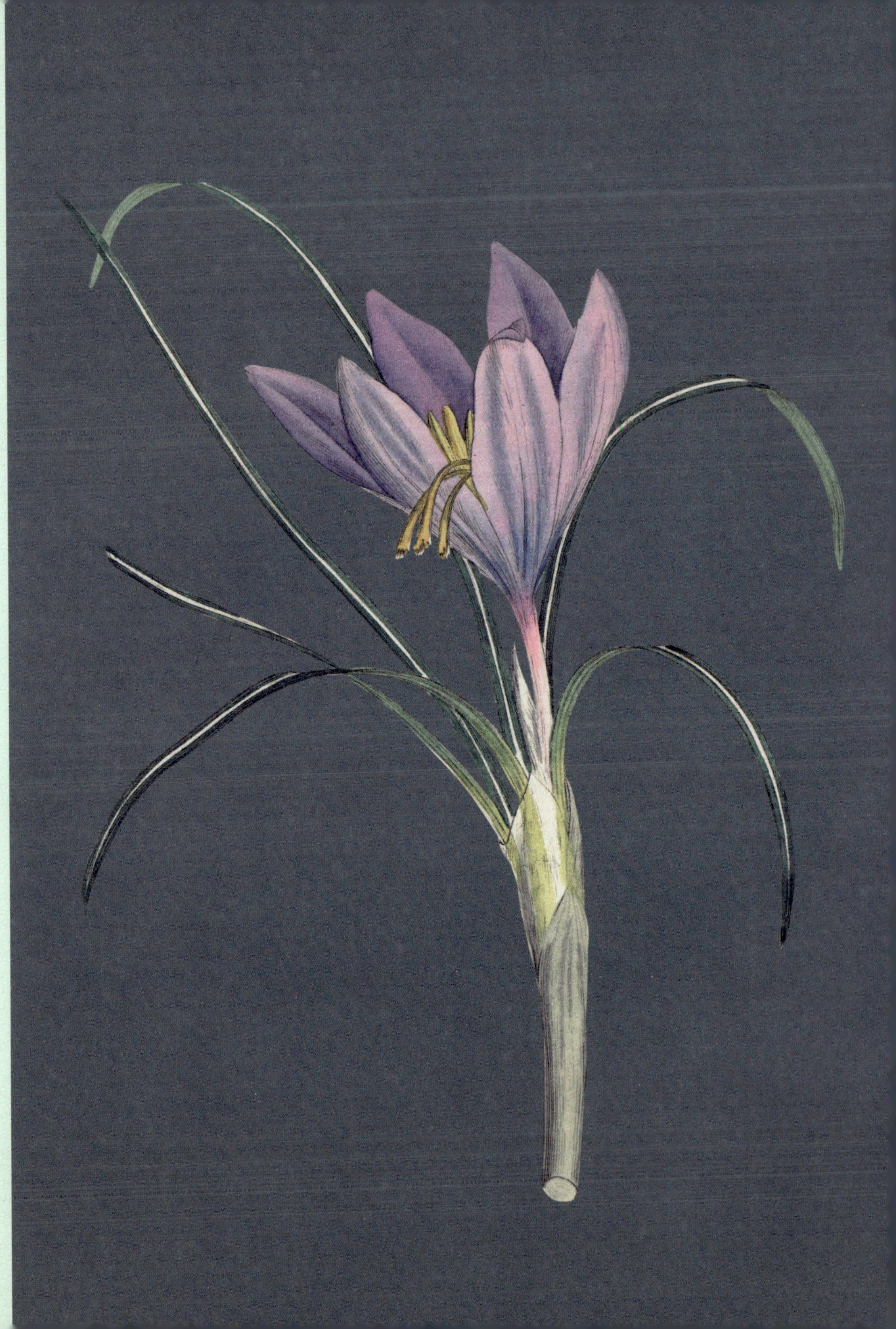

AZAFRÁN

Crocus sativus

El azafrán lo constituyen los estigmas de color rojo anaranjado oscuro del croco de otoño, *Crocus sativus*, que se usan por su color intenso, sutil fragancia distintiva y beneficios medicinales. Se dice que el azafrán, un potente antioxidante, disminuye la inflamación. Sin embargo, ha ganado reputación como potenciador de la vida sexual, ya que mejora el estado de ánimo, la libido y la función sexual.

El azafrán es uno de los alimentos más caros del mundo: un solo gramo cuesta entre 10 y 20 euros. Los delicados estambres deben ser extraídos por manos expertas de las flores, que solo brotan quince días al año. Son necesarias 150 000 flores de azafrán para producir un kilo de especia. Además, la planta no produce semillas y debe reproducirse mediante nuevos bulbos cultivados minuciosamente a partir de los originales, todos ellos clones genéticamente idénticos.

En Francia, el azafrán da sabor a la bullabesa, y en España, a la paella, pero su precio más alto es como hierba medicinal. El costoso proceso de elaboración del azafrán hizo que se asociara al lujo, y quizá por eso la especia adquirió inicialmente su reputación de afrodisíaco. En la mitología griega, el dios Hermes mató accidentalmente a su amante Croco durante una competición de lanzamiento de disco, y sus gotas de sangre se convirtieron en flores de *Crocus sativus* al caer al suelo. En Egipto, Cleopatra imitó a la diosa Afrodita, que añadía azafrán en su baño para volverse más atractiva antes de un encuentro sexual.

En cualquier caso, su uso se remonta a miles de años atrás. En Cnosos, en la antigua Creta, el azafrán aparece en pinturas murales de hasta tres mil años de antigüedad, en las que mujeres jóvenes lo recolectan para tratar un corte en el pie. En el Cantar de los Cantares, de la Biblia, se compara a un amante con varias especias, entre ellas el azafrán. Y los monjes budistas lo empleaban para teñir sus túnicas del característico color amarillo anaranjado. Para el hinduismo también es sagrado, y se lo relaciona con el dios Visnú. El azafrán era asociado con los dioses, y se le suponía una capacidad de curación sagrada.

Durante la peste negra, las propiedades medicinales atribuidas al azafrán lo convirtieron en objeto de una guerra comercial. Al final, la falsificación se convirtió en un problema tan grave para el comercio que se introdujo el código Safranschou para combatir la adulteración, castigándola con la pena de muerte.

En Essex, la ciudad de Cheppinge Walden, centro del comercio inglés, pasó a llamarse Saffron Walden, nombre que conserva actualmente. Incluso el escudo de la ciudad incluye azafrán. En Estados Unidos, fueron colonos alemanes quienes cultivaron azafrán a partir de los bulbos que se llevaron al emigrar..., un valioso cargamento de bolsillo.

SAFED MUSLI

Chlorophytum borivilianum, C. tuberosum

La *Chlorophytum borivilianum* es una hierba con una delicada flor blanca que crece a ras del suelo. Originaria de los bosques del centro y sur de la India, así como de las colinas más bajas del Himalaya, tiene un aspecto modesto que contrasta con las propiedades que le atribuyen los curanderos. Esta hierba se prescribe mucho en la medicina ayurvédica como *rasayana*, o adaptógeno, una sustancia que ayuda al cuerpo a adaptarse al estrés y que se utiliza para elaborar un tónico llamado *safed musli*. Algunos de sus seguidores más entusiastas lo toman con la esperanza de que actúe como afrodisíaco.

Durante cientos de años, el *safed musli* se ha usado en la cultura india como estimulante y revitalizante. Hay quienes preparan la planta seca en forma de pasta, con leche de cabra o miel, y luego la aplican en la cara para iluminar la tez. Se considera que regula el organismo, mejora el apetito y engorda. Se empleaba tradicionalmente para tratar la bronquitis y el lumbago; y en los Ghats occidentales, una cadena montañosa que se extiende a lo largo de la costa occidental de la India, la gente lo toma como expectorante para aliviar la tos. Esta amplia gama de usos médicos le ha valido al *safed musli* el apodo de *divya aushad*, u «oro blanco».

Sin embargo, el uso más apreciado es el de estimulante de la libido. El *safed musli* aparece en más de un centenar de tónicos sexuales de producción local, destinados a combatir la impotencia masculina. El gobierno del estado de Gujarat ha llegado incluso a producir su propio producto de marca registrada: Nai Chetna.

Sin embargo, el *safed musli* también cuenta con otros hipotéticos usos medicinales, y se toma para la artritis, la diabetes y también para el rejuvenecimiento general. Incluso es popular entre quienes desean perder peso, aunque no hay pruebas sólidas que respalden su eficacia.

Con todos estos beneficios atribuidos a una sola hierba silvestre, la recolección excesiva deviene un serio problema: una vez que los bosques quedan despojados, les cuesta mucho recuperarse. La mayoría de los apotecarios de calidad prefieren la planta silvestre. Aunque la Ley Forestal India de 1927 contiene disposiciones sobre la recolección silvestre, es realmente difícil controlar extensiones enteras de terreno arbolado. La planta se ve amenazada por esto y por plantas invasoras locales, como la *Lantana genus*. El futuro del *safed musli* depende, como el de muchas de las plantas que se comentan en este libro, de una cuidadosa custodia.

CARDAMOMO

Elettaria cardamomum

Muchos platos del subcontinente indio desprenden el aroma del cardamomo, desde los sabrosos *biryanis* hasta los dulces pudines lácteos. Esta planta alta y frondosa de la familia del jengibre también da sabor a los bollos de crema suecos llamados *skolebrød*. Sin embargo, su historia sugiere que el cardamomo también es respetado como afrodisíaco, y mencionado en *Las mil y una noches*.

Se dice que la humanidad recibió el cardamomo de la diosa Lakshmi, quien lo plantó en las montañas de los Ghats occidentales, en la India. Este es su hábitat silvestre ideal, en bosques monzónicos siempre verdes situados a gran altitud. El cardamomo también aparece en las primeras ediciones del *Shennong Ben Cao Jing*, el texto fundacional de la medicina tradicional china, y se comercializó en toda Asia y el Mediterráneo desde principios de la Edad del Bronce. Los arqueólogos creen haber encontrado referencias en las llamadas «tablillas de especias» halladas en el edificio de los archivos de Micenas, que en su día se creyó que era la ciudad del rey Agamenón.

Tanto el médico griego Hipócrates como, más tarde, Dioscórides incluyeron el cardamomo como eficaz tratamiento digestivo, y tal era la importancia de su comercio que aparece en el libro bíblico del Apocalipsis como uno de los negocios cuya desaparición llorarían sus comerciantes ante la llegada del fin del mundo: «¡Tanta riqueza, en una sola hora, arruinada!». Y uno de los pilares económicos de la República de Venecia era el comercio del cardamomo, un producto muy rentable.

La especia acabó por extenderse por todo el mundo. A mediados del siglo XIX, un comerciante alemán llamado Oscar Majus Kloeffer introdujo el cardamomo en Guatemala, con la esperanza de encontrar un lugar barato y fértil donde cultivarlo. Ese país es ahora el proveedor de casi toda la cosecha vendida a Arabia Saudí, donde se utiliza para aromatizar el café fuerte predilecto de la región, el *qahwa al-arabiya*. En la ciudad guatemalteca de Cobán, una placa conmemora aquella introducción de la planta.

Pero no hay que olvidar los beneficios del cardamomo para la salud. Esta especia se ha recomendado a menudo como remedio para el mal aliento y para bajar la presión arterial. En los sistemas medicinales que buscan el equilibrio, se considera que calienta el cuerpo, aumenta la circulación y equilibra el azúcar en sangre. El ayurveda considera que favorece mucho la digestión, reduce problemas de absorción («ama») y el ácido del estómago y ayuda a curar las úlceras. Además, sus propiedades estimulantes siguen formando parte de su atractivo. Se puede tomar esta especia en una bebida mencionada en *Las mil y una noches* llamada té de cardamomo de Sherezade.

PEONÍA

Paeonia

La muy apreciada flor de la peonía es una incorporación veraniega muy esperada en cualquier jardín, con sus caóticos pétalos formando enormes flores, casi demasiado grandes para sostenerlas en las manos. Sin embargo, las peonías también son útiles en términos medicinales, con un largo historial de uso, especialmente en la medicina tradicional china (MTC), así como en la farmacopea siberiana.

Tres son las especies de peonías utilizadas por herboristas y apotecarios, y en la MTC todas se consideran útiles para tratar la deficiencia de *yin*, que se produce cuando hay demasiado calor en el cuerpo. La peonía calma y refresca al paciente, dispersando el calor. De las peonías rojas y blancas se aprovecha tanto su corteza como su raíz, y se considera que cada una posee propiedades diferentes.

Las peonías recibieron su nombre de Peón, divinidad que estudió con Asclepio, dios griego de la curación, al que luego provocó celos empleando esta planta para tratar una herida de Plutón. Sin embargo, estas espectaculares flores ya se cultivaban en el año 1000 a.C. en China, donde sus raíces y semillas se empleaban para aliviar jaquecas y dolores del parto. Las peonías pronto se asociaron con la prosperidad, tal vez porque, para florecer, su cultivo requiere mucha dedicación. Con el tiempo, se las llamó *Hua Wang*, o «reina de las flores». En la dinastía Song medieval, las peonías eran uno de los temas favoritos de los pintores de bellos pergaminos característicos de la época. Ade-más, las peonías arbustivas se convirtieron en la «flor nacional».

La peonía blanca, *bai shao*, se ha recetado tradicionalmente como antiespasmódico, ya que se cree que combate los espasmos nerviosos, los calambres, la migraña y la tos; incluso estaba indicaba para ayudar a expulsar la placenta después del parto. La peonía roja, *chi shao*, se consideraba más adecuada para las hemorragias y para eliminar la sangre coagulada y los fibromas; también se creía útil para los problemas hepáticos, especialmente cuando el daño había sido causado por toxinas o virus.

A pesar de sus usos medicinales, la peonía comenzó a asociarse con la fortaleza en el siglo XIX, tal vez debido al célebre artista Utagawa Kuniyoshi, que pintaba proscritos cubiertos de tatuajes. Muchos de ellos tenían tatuajes de peonías, que luego pasaron a simbolizar la fuerza masculina. Siempre se ha dicho que da mala suerte desenterrar una peonía, pero eso puede deberse simplemente a que esta flor hosca se niega a florecer durante años después de ser trasplantada.

TONGKAT ALI

Eurycoma longifolia

La *Eurycoma longifolia*, o *tongkat ali*, es una planta de la selva tropical conocida en todo el sur de Asia por aumentar la potencia sexual, la fertilidad y la libido, por lo que a veces se conoce como *ginseng* malasio. Pariente cercano del castaño de Indias y del mango, este árbol tiene un sabor extremadamente amargo, lo que le ha valido el nombre común de *penawar pahit*, o «medicina amarga».

Los curanderos llamados *bomoh* en la medicina tradicional malasia (o *jamu*) han recetado el *tongkat ali* (o *longjack*), durante siglos. Los *bomoh* administran *tongkat ali* a sus pacientes como suplemento energético general, y afirman que aumenta la masa muscular y reduce la grasa corporal. Como panacea, el *tongkat ali* se toma con la esperanza de aumentar la resistencia y la energía, y la planta es ampliamente considerada como potenciador natural de la testosterona, tanto para hombres como para mujeres.

En la medicina tradicional de Tailandia, por otro lado, se aprecia su amargor, pues considera las plantas amargas como los mejores medicamentos para la fiebre, ya que eliminan cualquiera de sus causas. Por ello, los curanderos suelen recetar *tongkat ali* para la malaria y otras enfermedades que provocan fiebre.

La raíz se considera generalmente la parte más potente de la planta, y puede alcanzar una gran longitud, lo que puede ser en parte el motivo por el que la planta se llama «bastón de Alí» en malayo (su efecto sobre la función sexual masculina puede ser el otro motivo). La hierba se dio a conocer en Europa durante la colonización británica, popularizada por un cirujano botánico escocés William Jack, que trabajaba para la Compañía Británica de las Indias Orientales en la década de 1820. Los gobernantes malayos, en su afán por establecer relaciones positivas con los británicos, que estaban invadiendo su territorio, obsequiaron a Jack con un hermoso retrato de una planta de *tongkat ali* en crecimiento, quizá como un acto simbólico que reflejaba el poder que sabían que les estaba siendo arrebatado.

Hoy en día, el potencial de las medicinas botánicas para impulsar el crecimiento económico ha sido reconocido por el gobierno malasio, que ha identificado el *tongkat ali* como una de las cinco hierbas objetivo del sector nacional de la bioeconomía. Y, si consultamos el término *longjack* en internet, veremos que se vende bajo el nombre de Alpha Beast, para «quemar grasa rápidamente» y como potenciador de la testosterona. En tiendas *online* de apotecarios modernos, se promocionan nuevos remedios a base de hierbas, si bien no necesariamente probados... Una versión del siglo XXI de un proceso milenario.

MIEL LOCA
de *Rhododendron ponticum* o de *R. luteum*

La miel loca, producida por abejas que visitan el *Rhododendron ponticum* o el *R. luteum*, es una miel con sustancias tóxicas conocida desde la época de la Grecia clásica. De color rojo oscuro, es muy apreciada en Turquía como potenciador del rendimiento sexual, y en Nepal se produce en las colmenas de las abejas gigantes del Himalaya, las más grandes del mundo.

El contenido tóxico de la miel loca, que tantos problemas y tanto placer causa, se denomina grayanotoxina en honor a Asa Gray, un biólogo de Harvard que mantuvo correspondencia profesional con Charles Darwin. La miel loca ralentiza el ritmo cardíaco y baja la presión arterial a través de su efecto sobre el nervio vago, y la persona que la consume puede experimentar mareos y hormigueo.

Los textos griegos clásicos se refieren al uso de la miel loca para producir visiones proféticas. Jenofonte, líder militar que estudió con Sócrates, la menciona en la *Anábasis*, su relato de la Expedición de los Diez Mil, en 401-399 a.C.: el ejército de mercenarios griegos decide robar panales de miel de las colmenas locales, pero, cuando hacen efecto las toxinas de dicha miel, se desorientan y se pierden.

La técnica de la miel loca la volvió a utilizar en Anatolia, en el año 65 a.C., el rey Mitrídates. Su ejército libró una guerra utilizando el edulcorante alucinógeno, dejando panales contaminados con rododendro para los soldados romanos de Pompeyo el Grande. Esto los dejó tan indefensos que el ejército de Mitrídates pudo regresar y matar a más de mil. Y la técnica también se utilizó en la Rusia medieval, donde la miel loca convertida en hidromiel provocó el colapso de ejércitos enteros. Todos estos relatos exponen sin duda algunos de los primeros usos de «armas químicas».

Sin embargo, su uso más común se da entre quienes desean mejorar su rendimiento sexual: una noticia reciente de Reuters señalaba que casi todos los pacientes turcos que acudían a urgencias con intoxicación por grayanotoxina eran hombres, con edades comprendidas entre 41 y 86 años.

En Nepal, la miel la recolectan ágiles escaladores de acantilados de la comunidad Gurung, y se emplea tanto con fines medicinales como para provocar alucinaciones. Todos reconocen que esta miel es más potente en primavera, cuando los rododendros son más ricos en toxinas. Sin embargo, en pequeñas cantidades, la miel es un remedio tradicional local muy respetado, especialmente en Turquía, donde se conoce como *deli bal* y se recomienda para tratar el dolor de garganta, las úlceras de estómago, la hipertensión y la diabetes.

Esta página y la siguiente: xilografías del *Hortus sanitatis* (1491), que ilustran la mandrágora.

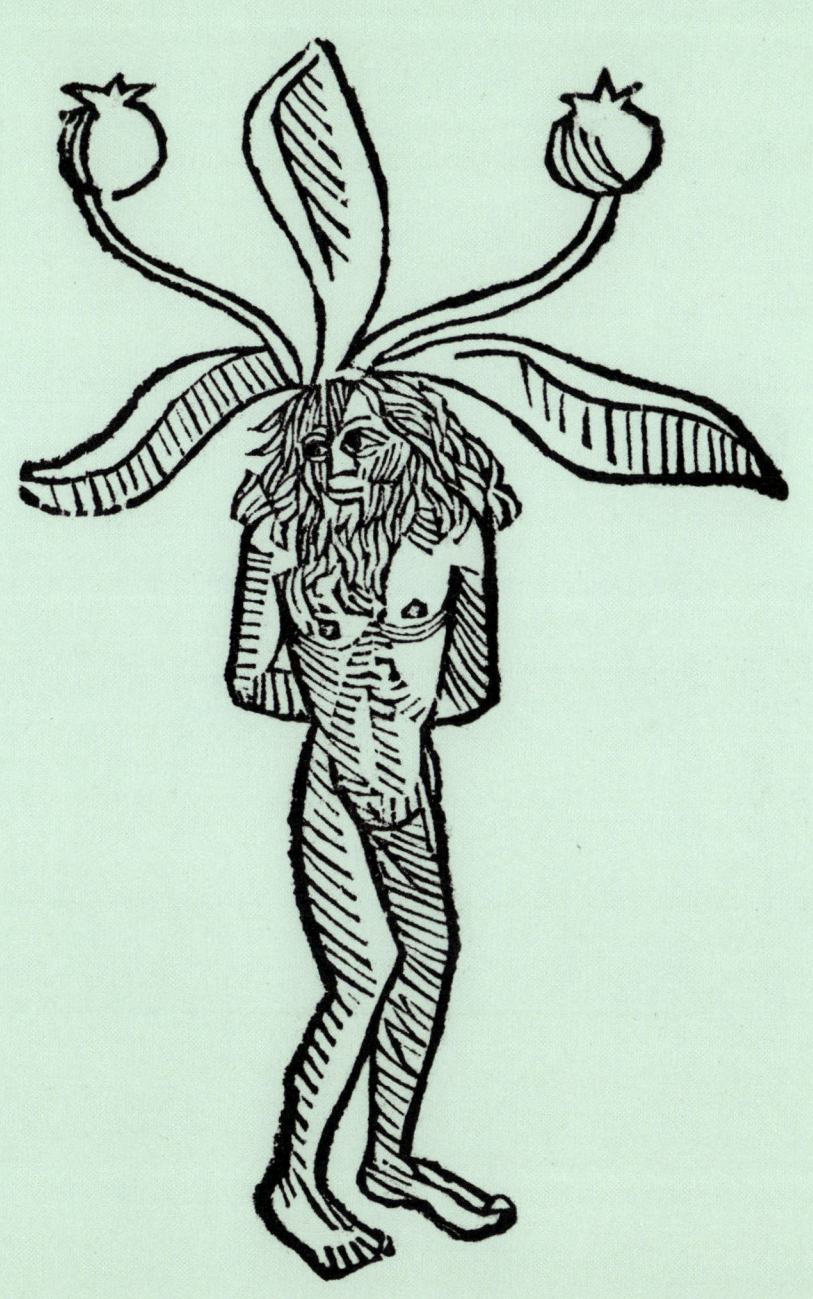

ÍNDICE

(Los números de página en *cursiva* remiten a los pies de foto.)

Título original: *The Apothecary's Garden*

© 2026 Librero b.v. (edición española)
Hambakenwetering 8B
5231 DC 's-Hertogenbosch
Países Bajos
www.librero.nl

© 2025 de los textos, el logotipo de Kew y las ilustraciones:
Royal Botanic Gardens
The Board of Trustees of the Royal Botanic Gardens, Kew
(logo TM The Royal Botanic Gardens, Kew)

Se identifica a Emma Wayland como la autora de la obra.

Primera publicación en 2025 a cargo de Welbeck,
un sello editorial de Headline Publishing Group Limited

Edición: Isabel Wilkinson y Emma Hanson
Diseño: Russell Knowles y James English
Producción: Arlene Lestrade
Documentación de imágenes: Paul Langan

Producción de la edición española: deleatur, s.l.
Traducción: Rebeca Bouvier Ballester

Distribución exclusiva de la edición española:
Librero IBP S.L.
C/ Paseo de los Olmos, n.º 20
Planta 1.ª, Oficina 7
28005 Madrid, España
www.librero-ibp.es

Printed in Shenzhen, China SDP012026

ISBN: 978-94-6499-245-8

CRÉDITOS

Los editores desean agradecer a las siguientes fuentes el permiso para reproducir las imágenes de este libro.

Adobe Stock: acrogame 4, 62, 68, 70, 73, 74, 79, 82, 84, 86, 92, 94, 97, 98, 100, 103, 104, 106; Morphart 5, 108, 116, 118, 121, 122, 124, 127

Alamy: AF Fotografie 7; Álbum 67; Alpha Stock 4-5; Contraband Collection 159; Florilegius 88; Kseniia Gorova 135; Heritage Image Partnership Ltd 65; Hi-Story 64; imageBroker.com GmbH & Co. KG 132; Interfoto 13; Lakeview Images 8; Lebrecht Music & Arts 18; mccool 156; The Print Collector/ Heritage Images 114; The Protected Art Archive 134; Science History Images 10, 183; Paul D Stewart/Nature Picture Library 200-201

Getty Images: Art Images 17; Florilegius/Universal Images Group 182; Pictures From History/Universal Images Group 6 (abajo); Universal History Archive/Universal Images Group 46

Shutterstock: Steve Allen 4, 40, 48, 50, 53, 54, 56, 59, 60; Hein Nouwens 4-5, 6 (arriba), 202, 208

Wellcome Collection: 4, 5, 14, 20, 24, 29, 30, 32, 35, 36, 38, 43, 89, 91, 111, 112-113, 130, 133, 136, 138, 141, 142, 144, 149, 152, 154, 157, 160, 164, 167, 168, 170, 173, 174, 176, 178, 181, 184, 186, 189, 190, 192, 195, 196, 198

Wikimedia Commons: 44

Imágenes de cubierta:
© The Royal Botanic Gardens, Kew.
Excepto las siguientes: Cubierta: (arriba a la derecha, superior izquierda y derecha) Florilegius / Bridgeman Images; (abajo a la izquierda y derecha) Bridgeman Images; (inferior izquierda) Judy Unger / Getty Images. Contracubierta: (arriba en el centro) AFstudio87 / Shutterstock